文旅产品包装设计

Packaging Design of
Cultural Tourism Products

**NEW –
POWER**

"十四五"普通高等教育规划教材
设计新动力丛书
获得中国出版政府奖
装帧设计奖提名奖

张毅

著

西南师范大学出版社
国家一级出版社 全国百佳图书出版单位

Preface

序 Packaging Design of Cultural Tourism Products

20多年前，一套"21世纪设计家丛书"曾经让设计师和未来的设计师对21世纪充满期望。

岁月流转，当21世纪的曙光渐渐远去的时候，国内的设计师们高兴地感受到了时代的恩赐：20多年来，社会主义市场经济已经基本完成了对设计的确认，日常生活表现出对设计的强烈需求，文化建设正在给设计注入新的活力，频繁的国际交流增强了中国设计的自信……随着各行各业对设计的投入越来越大，人们对设计和设计师的期望也越来越高。这一切，或许也是设计教育长存不衰的缘由。

确实，进入21世纪，中国的设计教育迎来自己前所未有的好时光。设计和设计教育的勃兴无疑为高速发展的中国社会提供了些许前所未有的新动力。这一点，随着时间的推移，还会进一步获得印证。随着设计概念的普及，越来越多的人懂得了设计在经济发展、社会进步、文化建设中的关键性作用；懂得了在现今这一历史阶段，离开了设计，几乎一切社会活动都将难以进行。无论是理性的、商业的，还是激情的、文化的，无论是学习西方的、先进的，还是弘扬民族的、传统的，无论是大型的、宏观的，还是小型的、私密的；无论是2008北京奥运会，还是2010上海世博会，只要是公开的、需要展现的，就不能缺少设计的参与。随着设计理念的深入人心，设计师们的艺术智慧和设计创意源源不断地流向社会，越来越多的人懂得了包装设计不只是梳妆打扮，装饰设计不等于涂脂抹粉，产品设计不仅仅是变换样式，时尚设计不在于跟风卖萌，视觉设计已经不再满足于抢眼球，环境设计也开始反思一味地讲排场、求奢华的弊端，设计内涵的表达、功能的革新、样式的突破、情感的满足、文化的探索等一系列原本属于设计圈内的热门话题，现在都走出了象牙塔，渐为普通大众所关心、所熟知。

当然，在设计行业风光无限的同时，设计遭遇的尴尬也频频出现。一方面，设计在帮助人们获得商业成功的同时，也常常一不小心成为狭隘的商业利益的推手。另一方面，设计教育在持续了十多个年头的超常规发展之后也疲态毕露，尤其表现在模式陈旧、课程老化、教材雷同、方法落伍、思维凝结等方面，甚至，在一定程度上游离于社会实践之外。

不仅如此，设计和设计教育的社会担当和角色定位还仍然处于矛盾和纠结之中。在国内，设计的社会作用和社会对设计的认可还远没有达到和谐一致，这使得我们的设计师往往需要付出比发达国家设计师多得多的代价，而他们的智慧和创意还常常难以获得应有的尊重。设计教育在为社会培养了大批优秀设计师的同时，还承担着引领社会大众的历史职责。诸如设计和生态环境、设计和能源消耗、设计和材质亲和，以及设计如何面对传统和时尚、面对历史和未来、面对可持续发展，所有这些意想不到的种种纠葛、矛盾，都会在第一时间挑战设计思维，也都会在整个过程中时时叩问着设计和设计教育的良心。

设计教育的先驱、包豪斯的创始人格罗皮马斯认为，"设计师的职责是把生命注入标准化批量生产出来的产品中去"。设计师的职责是伟大的，设计教育的使命是崇高的，可面临的挑战也不言而喻。

工业革命以来，设计一直站在社会变革的最前沿，如果说，第一次工业革命给人类带来效率和质量的同时把人们束缚在机器上，第二次工业革命给人类带来财富和质量的同时把人们定格在工作上，第三次工业革命中以信息为主导的交互平台成功地将人类"绑架"在手机上，那么，设计在这三次工业革命中所起的作用是否值得我们反复思考呢？

对于初期的大机器生产来说，设计似乎无关紧要；对于自动化和高效率来说，设计的角色仅限于服务；而随着信息社会的临近，设计也逐渐登上产业进程的顶端。我们曾经很难认定设计是一种物质价值，可实际上设计缔造的物质价值无与伦比。我们试图把设计纳入下里巴人的实用美术以便与阳春白雪的纯艺术保持距离，可设计却以自身的艺术思维和创意实践不断缩短着两者的间距并且使两者都从中获益。

如果说，在过去的 20 多年中，设计的主要功能是帮助人们获得了商业成功。那么现在，毫无疑问，时代对设计提出了新的挑战。这就是，在商品大潮、市场法则、生活品质、物质享受、权力支配等各种利益冲突的纠葛中，如何通过设计来重新定位人的尊严和价值，如何思考灵魂的净化和道德的升华，如何重建人际间的健康交往，如何展现历史和地域的文化活力，如何拓展公众的视野，如何让社会变得更加多元和包容，如何感应人与自然的利益共享及可持续发展。这也是人们在今后相当长的一段时间内对设计和设计教育的期望。

新的挑战也是我们的新动力。

本丛书就是在基于上述的思考过程中缓缓起步的。我们期望，本丛书多多少少能够回应一些时代的质询，反思一些设计教育中的问题，促进一下学习方式的转变，确认一下设计带给社会的审美标高和价值取向，最重要的，是希望激发出人们的设计想象力和造物才华。

我们相信，在新一轮的社会发展过程中，设计的作用将越来越重要，设计教育的发展应该越来越健康。

一个政治昌明、经济发达、文化多元、社会公正的中国梦也必将对设计发出新的召唤——期待设计和设计教育作为社会进步的新动力尽快进入角色。

杨仁敏　四川美术学院　教授

Foreword　前言

Packaging Design of Cultural Tourism Products

　　古往今来，每逢佳节，举家团圆、走亲访友之际，都习惯携礼相赠，以表深情厚谊；旅行游览之时总爱捎上几件当地特色好礼自用或是赠人，作为感受异域风情的美好和记录浪漫旅途的珍贵留念；特定的日子里，总会因心中所好购入一些品牌定制版或限量版产品，在享用优质产品的同时也满足心中那份不能为人所道的小微情结……优质的产品、精美的包装、鲜明的形象，总让人过目难忘、爱不忍释，人与人之间的情感就在这礼尚往来之间日益醇厚、不断升华……

　　随着时代的进步与经济的发展，挖掘一方文化，利用文化创意的力量来发展旅游产业、品牌经济的趋势愈发明显，开发各种特色产品成了其中极为重要的环节，一般的商品包装已经无法满足越来越多样化与精细化的产品对包装的需求，文旅包装因此走到了时代的镜头前，在设计艺术这个大舞台上，文旅包装以其悦目的外观形象、独特的个性风格与深厚的文化内涵为旅游特色产品、文创产品、纪念品与工艺品、节日礼品、小众定制产品等提供了更为专业化与精细化的包装服务。

　　从专业设计的角度而言，文旅包装设计的出现既是包装设计产业深化与拓展的产物，也是经济发展导致的市场需求多样化的结果。因此，本书的写作主要致力于满足文旅包装设计所需求的知识理论的讲解与阐述，力求给读者建立一个尽可能全面的关于文旅包装设计理论知识体系；同时，通过探究文旅包装与各种文化之间的渊源，探寻文旅包装产生的源头，于本书而言，是篇章上的结尾，然而对于文旅包装设计的研究来说，是深化亦是延展，更是一个全新的开始……

　　从作为设计课程的角度来看，开设文旅包装设计课程是包装设计相关专业强化设计应用型人才培养的必然趋势。同时，作为突出实践技能培养的包装设计专项课程，文旅包装设计的教学必然不同于常规的包装设计教学，专项设计技能的培养是本课程教学的核心和重点。因此，本书以优秀案例为导引，突出案例教学对于实践能力与创新能力培养的重要性，通过对各种文旅包装优秀案例的来龙去脉与设计特色进行剖析，在强化文旅包装设计的理论对于实践的指导意义的同时，激发学生更多的思考与发现，以探索出更多的创新与可能。

文旅包装设计 课时计划

（建议 74 学时）

章名	章节内容		课时	
第一章 概说"文旅"	第一节 文旅包装的昔时与他日	1		6
	第二节 文旅包装的类别			
	第三节 文旅包装的功能与价值	1		
	课后实训与练习	4		
第二章 创意"文旅"	第一节 文旅包装的特征	2		10
	第二节 文旅包装的风格	2		
	课后实训与练习	6		
第三章 设计"文旅"	第一节 文旅包装的设计原则	2		20
	第二节 文旅包装的结构造型			
	第三节 文旅包装的视觉表现	2		
	第四节 文旅包装的材料应用			
	课后实训与练习	16		
第四章 寻根"文旅"	第一节 归属的诠释——文旅包装与地域文化			38
	第二节 本源的回归——文旅包装与民俗文化	1		
	第三节 情感的表达——文旅包装与礼仪文化			
	第四节 特色的发掘——文旅包装与民族文化			
	第五节 定位的明确——文旅包装与社会文化	1		
	第六节 意趣的营造——文旅包装与审美文化			
	课后实训与练习	36		
合计				74

文旅包装设计 二维码资源目录

序号	码号	资源内容	二维码所在章节	二维码所在页码
1	码1-1	礼盒包装	第一章第二节	025
2	码1-2	月饼包装和伴手礼包装	第一章第三节	031
3	码2-1	工艺品包装和月饼包装	第二章第一节	037
4	码2-2	视频包装	第二章第二节	057
5	码3-1	包装设计及动态展示效果	第三章第一节	064
6	码3-2	礼盒包装	第三章第二节	071
7	码3-3	中秋月饼礼盒包装动态演示	第三章第三节	073
8	码3-4	酒包装	第三章第三节	077
9	码3-5	羊羔肉礼盒包装	第三章第三节	082
10	码3-6	燕窝礼盒包装	第三章第三节	087
11	码3-7	茶叶和粽子礼盒包装	第三章第四节	093
12	码4-1	薏见酒包装	第四章第一节	097
13	码4-2	来伊份坚果2018新年礼盒包装	第四章第二节	100
14	码4-3	"独奏者"茶叶包装	第四章第三节	103
15	码4-4	新疆驼奶包装	第四章第四节	104
16	码4-5	浙江丽水"外婆村"甜橘柚包装	第四章第五节	106
17	码4-6	尚智2021新年台历对联礼盒	第四章第六节	108

Contents 目录

Packaging Design of Cultural Tourism Products

第一章 概说"文旅"
  第一节 文旅包装的昔时与他日 /012
  第二节 文旅包装的类别 /018
  第三节 文旅包装的功能与价值 /028
  课后实训与练习 /031

第二章 创意"文旅"
  第一节 文旅包装的特征 /034
  第二节 文旅包装的风格 /038
  课后实训与练习 /057

第三章 设计"文旅"
  第一节 文旅包装的设计原则 /060
  第二节 文旅包装的结构造型 /066
  第三节 文旅包装的视觉表现 /072
  第四节 文旅包装的材料应用 /088
  课后实训与练习 /093

第四章 寻根"文旅"
  第一节 归属的诠释——文旅包装与地域文化 /097
  第二节 本源的回归——文旅包装与民俗文化 /100
  第三节 情感的表达——文旅包装与礼仪文化 /102
  第四节 特色的发掘——文旅包装与民族文化 /104
  第五节 定位的明确——文旅包装与社会文化 /106
  第六节 意趣的营造——文旅包装与审美文化 /108
  课后实训与练习 /110

参考文献 /111
后　记 /111

第一章
概说"文旅"

010

> **学习目标**

通过本章的学习，让学生了解文旅包装的概念、文旅包装的起源与发展以及未来文旅包装的发展趋势；学生要重点掌握文旅包装的类别，并了解文旅包装的功能与价值，为后面章节知识的学习打下一个良好的理论基础。

在这片古老的土地上，不仅仅孕育着丰富的物产，还有多样的文化与民俗。随着时间的流逝，它们随岁月的沉淀而日益厚重、香醇、令人沉醉，成为国家和地区独特而充满魅力的人文印迹与精神标识。于当地人而言，它们是地域民族文化传承的载体，是不可割舍的记忆情结；于游客而言，它们是富有吸引力的区域名片，是浪漫旅途意义深刻的珍贵留念；于国家和地区而言，它们是推动旅游产业和经济发展的重要基础，是打造独一无二的区域形象的主要途径。

"文旅"一词，在字面上表达的是"文化创意、旅游发展"的含义，是旅游中的文化陶冶与沟通，是文化与旅游的深度融合，是将旅游发展与文化创意紧密结合，利用文化创意的力量打造独一无二的旅游形象，彰显文化对推动旅游产业和地区经济发展具有重要作用。随着"文旅"内涵的不断深化与发展，诞生于新经济时代的文旅包装则是泛指从各种文化中寻根溯源，强化地域或品牌形象特色，突出个性表达与情感诉求的产品包装类型。旅游经济的快速发展，期望寻求产品形象与地域形象塑造并重的旅游产品包装；试图通过打造新文化符号实现文化传承，从传统文化中寻求个性创新的文创产品包装；强调内涵与价值体现的纪念品与工艺品包装；展示节庆礼俗，渲染节日氛围与情感表达的节日礼品包装；寻求鲜明的个性特色表现，彰显卓越品质与尊贵服务的小众定制产品包装，诸如此类，充分展现了新时代、新需求背景下文旅包装的类型与特点。

第一节　文旅包装的昔时与他日

显而易见，就字面看，"文旅包装"是一个现代造词，但就含义而言，文旅包装则展示了包装作为造物设计的产物与文化传承之间千丝万缕的联系。在懵懂浅陋的史前时代，原始包装不仅经历了从天然材料向人工材料的转变，也经历了从单纯的储存、携带等物理功能需求到赋予包装在造型与装饰方面的审美艺术特征的转变，这些审美艺术特征的形成与史前文化有着极为密切的关系，自然与生殖崇拜、祖先与图腾崇拜，原始的宗教文化现象生动而真实地反映在了原始包装的造物理念与审美取向之中，史前文化对于原始包装的重要影响展示了文旅包装与原始包装之间遥远而深邃的联系。（图1-1、图1-2）

图 1-1 新石器时代的陶制器皿：左图为红陶深腹双系罐（河北武安磁山文化），右图为红陶双耳壶（河南新郑裴李岗文化）

　　这是两款距今 8000 年左右中国黄河流域具有包装容器性质的早期陶制器皿，双系与双耳钻孔的设计展示了这两款容器具备了其他陶质容器不具备的携带功能。同时，简单的直线纹饰与鼓腹造型设计体现了新石器时代磁山文化和裴李岗文化的典型特征。

　　玻璃器皿是在人类掌握陶器制作工艺之后的一种全新的工艺制品。早在公元前 3000 年左右，古埃及人就使用石英砂、草木灰、天然碳酸苏打混合加热吹制玻璃容器，这些玻璃容器大多为蓝绿色，造型简单，多使用几何纹样装饰，朴素中显露出向往精致的造物审美意识。

图 1-2 古埃及原始玻璃器皿

一、从鸿蒙初开到应时而生——文旅包装的昔时

1. 孕育在历史长河中的文旅包装

"买椟还珠"出自战国时期韩非子的《韩非子·外储说左上》:"楚人有卖其珠于郑者,为木兰之椟,薰以桂椒,缀以珠玉,饰以玫瑰,辑以羽翠。"讲述的是春秋战国时期楚国商人为其售卖的珍珠打造了一款极其精美的木匣。这个成语比喻取舍不当、逐末舍本。如果从包装发展的角度来看,春秋战国时期已经出现用于商品交易的包装,人们已经初步拥有了利用包装来销售产品的意识。这款为珍珠而精心设计的"木兰之椟",显示出文旅包装在当时已初具雏形。

在中西方人类社会历史发展历程中,地域文化、民族文化与宗教文化对于包装设计的影响与日俱增,古代包装因此形成了各具文化特色的表现形态。从时间上看,中国封建社会是从公元前 475 年的战国时代开始,到 1840 年鸦片战争结束,时长约 2300 多年,经历了秦汉大一统的封建社会早期,隋唐与两宋经济繁荣的封建社会中期,以及明清资本主义经济萌芽的封建社会晚期三个阶段。中华民族的传统文化与佛教文化、民族文化、外来文化的交融碰撞,使中国封建时期的包装在不同时期呈现出多姿多彩的面貌,从粗放的陶器包装到精美的瓷器包装,从狞厉雄奇的青铜器包装到流光溢彩的金银器包装。还有漆制包装从质朴大气到婉约细腻的转变,以及用于包裹商品和标贴的纸包装在商品经济繁荣的两宋时期被广泛使用,一方面体现了中国古代包装的发展状况,另一方面也突出了文化对于包装发展的重要影响。(图 1-3)

提匣是明清时期盛行的一种漆制器皿,是各式制作考究的箱、匣、盒的统称。提匣根据装载的物品的不同而有不同的名称,如备具匣、图书匣、骨牌匣等。提匣盛行于明清时期,但其历史则可以追溯到两宋时期,两宋文人郊游时用于盛装雅具的器皿——游山器,是提匣的雏形。提匣在结构上主要分为装载物品的匣身与承托提携的提梁两个部分,在造型上有方形、圆形、多边形等形态,装饰纹样以写实为主,通常与提匣的用途有关,展示了古代文人雅士生活中的玄思与风雅。

图 1-3 清代漆制器皿:左图为黑漆描金嵌蜜蜡夔凤纹提匣,右图为金漆嵌铜螺嵌花卉博古图长方提匣

图1-4 1695年意大利布料的大包装标贴

相比较而言，欧洲的封建社会进程比中国要晚，西罗马帝国灭亡后，西欧逐渐进入封建社会，欧洲人称之为"中世纪"，是欧洲历史上的黑暗时代。特别是中世纪晚期，人们由于受基督教思想的禁锢，再加上频繁的战争、饥荒与疾病，使这个时期的科技、文化、艺术几乎都处于停滞的状态。直到14世纪文艺复兴的开始，欧洲出现了资本主义生产关系的萌芽，解放了思想，推动了科技与文化艺术的发展。到了15世纪，科学技术与地理知识的不断进步，使远洋航行成为可能，15世纪到17世纪被称为"地理大发现"的时代，新兴资本主义经济的崛起让欧洲从此进入了高速发展时期。这个时期，欧洲在科技、文化与艺术领域取得了杰出成就，教育改革等方面进步巨大，使包装也展现出迎合时代脚步的发展状态。早在16世纪，欧洲市场上就出现了单色印刷的包装标贴。随后，手工填色的彩色标贴与基于石版彩印技术发展的早期彩色印刷标贴被大量应用在各种金属、玻璃等包装容器及纸、木等材质的包装之中。（图1-4）

商品包装在古代包装阶段虽然尚处于孕育阶段，还未曾走到时代的镜头前，但却是文旅包装诞生之前不可或缺的重要发展阶段。从历史中寻根溯源，探知文旅包装的过去，才能更好地立足当下、洞悉未来。

2. 诞生在新经济时代的文旅包装

工业革命带来的大机器生产使商品包装正式登上了历史舞台，在商品经济发展史上扮演着重要角色。从商品包装诞生的初期到今天的互联网新经济时代这两百多年的时间内，商品数量的飞速增长和包装材料与印刷技术的持续进步，以及设计观念的不断更新，使商品包装的发展进入了一个新阶段，商品包装已经从早期的稚嫩、笼统、单一蜕变为设计专业化、类别细分化与材料多元化的新商品包装，文旅包装也就是在这个时候走进了人们的视野，在不断的发展中逐渐成为新经济时代包装设计发展的重要方向。

通常来讲，文旅包装被认为是源自某些独具文化特色地区的特色产品与纪念品、工艺品的包装设计。在互联网经济不发达的年代，这类产品由于受产量和技术工艺等因素的制约相对较为稀缺，一般仅在属地销售，受众群体主要是游客。因此，文旅包装与普通商品包装设计不同，其除了具有促进销售的功能外，还具有展示地域形象与凸显文化内涵的功能。同时，由于经常被作为礼品赠送，这类产品的包装还需要具备传情达意的功能，因此在"文旅包装"这个词语出现以前这类包装也被称为特色产品包装。此外，纪念品、工艺品包装一般会与产品一起被受众长期收藏与保存，包装因此还需要具备展示、衬托与长期保护产品的功能。归结而言，特色产品包装与纪念品、工艺品包装不仅是文旅包装的早期形态，也是文旅包装不可或缺的重要组成部分。

随着经济的发展与社会生产力的不断提高，商品的种类越来越丰富，商家们推出大量的同类商品来争夺消费者，"激烈竞争"和"更多选择"成为这个时代的重要标签，"塑造产品个性"也因此成为这个时期包装设计的主要任务，使包装设计的细分化与专业化趋势愈发明显。同时，随着人们生活水平的不断提高，其对包装的需求也不再局限于保护、储运与促销产品等基本功能，而是更加关注包装的审美意趣与情感内涵，这样的环境形势给予了文旅包装极大的发展空间，越来越多的产品包装开始加入了文旅包装的范畴，文旅包装的内涵被不断拓展和深化，文旅包装的设计也愈发走向成熟与多元化。（图1-5）

二、延展与交融——文旅包装的他日

1. 文旅包装的内涵延展

发展旅游经济，是当今世界的共同话题，大到国家，小到村镇，通过振兴旅游业来促进经济繁荣成为未来经济发展的主题。旅游产业的发展包括基础设施建设、生态环境治理、文化遗产保护、区域形象打造、特色产品开发等多方面内容。其中，旅游特色产品的开发、推广和销售都离不开文旅包装的力量，同时，对于区域形象打造与地域文化传承的重要作用也

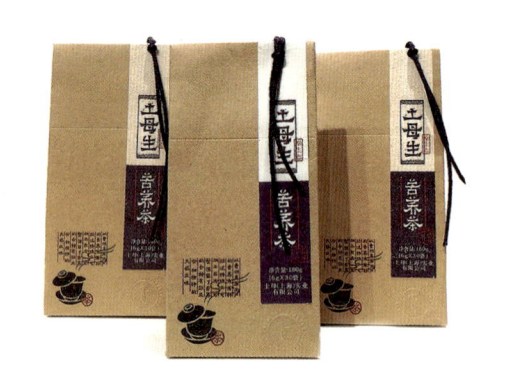

图1-5 "土母生"贵州特色苦荞茶包装——深圳古一设计

图1-6 小红书2020年农历新年礼品箱

将胶片相机、笔记本、红包、日历等新年礼物与礼品包装进行一体化设计，打造了小红书2020年极具创意的品牌新年礼物。

使文旅包装将会成为未来旅游经济发展越来越重要的组成部分。除了与旅游经济发展有紧密联系以外，品牌经济也敏锐地发现了文旅包装能够充分利用文化的力量为相关产品提供更加专业、精细和个性化的包装设计服务。因此，为品牌服务是当下文旅包装极为重要的发展方向。除此之外，各种节庆礼品、活动用品的包装也逐渐融入了文旅包装的范畴。归结而言，随着文旅包装服务领域的不断扩大，文旅包装的内涵也随之不断延展，从单一到多元，从笼统到细分，从简单到丰富，文旅包装展示了广阔的发展前景。

2. 文旅包装的交融共生

除了自身的不断成熟与深化，文旅包装与相关产业的深度融合、共同发展也成为未来的一大发展趋势。基于文旅包装设计的性质与内涵，其将会与旅游形象设计、产品设计与品牌设计等三个主要设计领域相互交融，形成互利共生的发展局面。旅游形象设计对于旅游经济发展的重要作用不言而喻，文旅包装不但会成为旅游形象设计极为重要的一个环节，其还能从旅游形象设计中获取创意的灵感来丰富文旅包装的创作表现。同时，在旅游特色产品、品牌文创产品的开发过程中，逐步引入了将产品和包装结合设计的"一体化设计"理念，让产品与包装能够更好地融为一体，互为彰显。因此，文旅包装设计与产品设计的深度融合将会是文旅包装设计在未来发展的主要趋势之一。另外，文化创意产业在品牌设计中的重要性日益凸显，文旅包装设计将逐步成为品牌设计越来越重要的环节，各种限量版、特别版、纪念版等商品的包装设计都将搭上文旅包装设计的列车，以独一无二的个性化包装形象与品牌设计一起向前迈进。（图1-6）

第二节　文旅包装的类别

　　文旅包装，并不确切指向任何一个明确的包装类别，在本章的开篇，就已经明确了这一点。文旅包装是包装设计随时代发展的产物，是对在各种文化中寻根溯源、强化地域形象或品牌形象特色、突出个性表达与情感诉求的产品包装类型的共性的概念表述。同时，文旅包装也不是一个封闭的概念，随着时代的发展，越来越多的产品包装开始加入了文旅包装设计的范畴，使得文旅包装的范畴不断扩大，内涵也日益丰富。就目前而言，文旅包装主要分为以下 6 个类别。

一、旅游产品包装

　　地球上的各个不同地区，拥有不同的气候条件与土壤资源，自然环境的差异赋予了每个地区独特而丰富的物产，这些丰富的物产主要以食用品为主，有米面、蔬果、香料等特色农产品，也有茶叶、酒类、食用油、咖啡、糖果点心等特色加工产品，它们品质出色，地方特色浓郁，甚至能够体现国家或地区形象，深受消费者喜爱，是旅游经济发展不可或缺的重要组成部分。简言之，旅游产品包装主要是指在发展旅游经济的过程中，由国家或地区推出的特色产品的包装类型。旅游产品包装是文旅包装最重要的组成类别之一，具有促进旅游产品销售、打造地区旅游形象、推动旅游经济发展的重要作用。因此，用个性化的表现语言、多元化的风格形式展示产品特点与原产地信息，突出地域文化内涵，是旅游产品包装设计需要把握的重要原则。（图 1-7）

图1-7 重庆陈稳建麻花旅游特色伴手礼包装——重庆观行设计

"你说来自山川和湖海，我说味至浓时即故乡"。重庆观行设计为重庆磁器口的特色名小吃"陈稳建麻花"打造了精美的伴手礼包装。包装将磁器口大门与人物用浪漫抒情的手绘插画风格进行表现，温情脉脉的图形与色彩一方面展示了产品的地域文化特色，另一方面将伴手礼所诠释和表达的浓情厚谊展示得淋漓尽致。

二、文创产品包装

不同的文化拥有不同的外在与内涵，能够赋予产品与包装独一无二的气质与神韵，利用文化创意的力量来打造产品与设计包装已成为当今时代的设计潮流。文创产品包装主要分为品牌文创产品包装与旅游文创产品包装两大类。品牌文创产品是品牌经济的产物，是企业应对商品同质化日益严重环境下的营销战略，通过将产品开发与文化创意紧密结合，应时推出各种限量版、纪念版、特别版、定制版等文创主题产品，在赋予产品更加持久生命力的同时提升品牌的形象。旅游文创产品则是旅游经济发展的产物，是依托地域文化、传统文化或民俗文化的文化创意产品开发，其目的在于突出产品作为文化传播载体的作用，通过个性化的文创产品提升区域形象，促进区域经济发展。因此，文创产品的包装设计要秉承以产品为中心，突出产品的文化内涵表现的设计原则，对于品牌文创产品的包装设计而言，则要对文化与品牌进行融合创新，设计能够充分展示品牌与文化形象的个性化产品包装，凸显品牌文创产品的品质与特点；旅游文创产品包装的设计则是要进一步强化文旅包装作为文化传承载体的作用，为产品提供一个更大的展示平台，彰显旅游文创产品的意趣与个性的同时，促进地域文化的传播与交流。（图1-8、图1-9）

图1-8 糖派品牌"礼喵·盛唐"猫生活套装礼盒包装

"礼喵·盛唐"猫生活套装礼盒是由糖派品牌推出的一套好用、好玩、有范儿的猫生活用品套装，同时也是一套为心爱的猫、特别的人准备的走心好礼。该作品绘制了多只身着唐代服饰的可爱猫咪，"礼喵·盛唐"四个字的设计融入了唐代建筑的特点，再加之红黑色包装色彩搭配，充分展示了盛唐时期祥和欢乐的生活氛围，也突出了该作品独特的个性。

图1-9 "宫里上新"故宫潮玩年品限量版礼盒包装

　　2019年12月，由故宫宫廷文化出品，有礼有节监制的故宫潮玩年品限量版礼盒"宫里上新"在新年前夕与受众见面了。潮玩年品限量版礼盒分为"赐福""行赏""游乐"三个系列礼盒，内含对联套装、红包套装和桌游套装三个系列，该系列礼盒不仅为春节拜年和娱乐增加了潮玩的乐趣，还成为展示故宫宫廷文化的媒介窗口，对于推进故宫旅游与文化交流有着重要的作用。

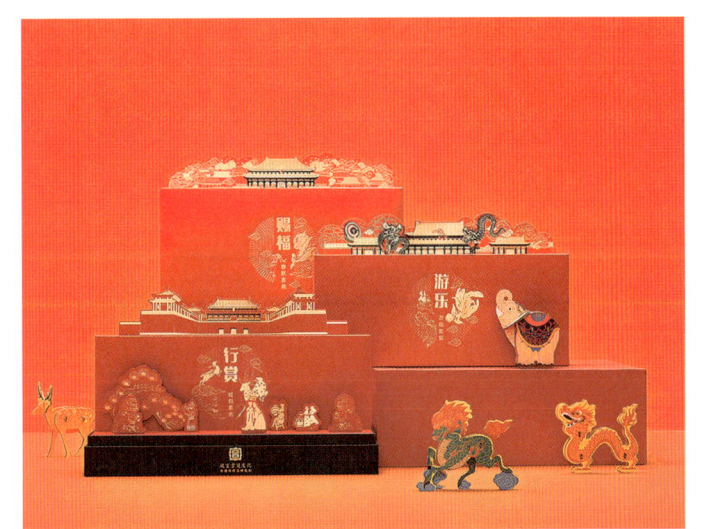

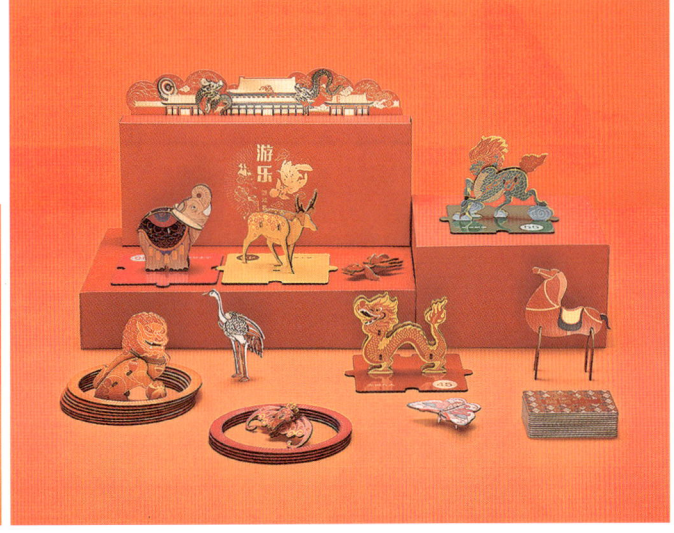

三、纪念品与工艺品包装

从产品性质的角度来说,纪念品与工艺品也是属于旅游产品的范畴,与以特色农产品、加工食品为代表的旅游产品不同的是,纪念品、工艺品有收藏与观赏价值,其包装应该首先具备保护和展示产品的作用。同时,纪念品、工艺品是人们在漫长的历史长河中创造出的,是民俗文化的物化表现形式,它分布广阔、种类丰富,展示着人们对于地方民俗文化的独特见解。因此,纪念品、工艺品的包装设计应当从多姿多彩的地方民俗文化中寻找创意设计的灵感,探求具有民俗文化气质的包装风格形式,在突出纪念品、工艺品的收藏与观赏价值的同时,推动地方民俗文化的传承与交流,是这类包装设计要把握的基本原则。(图1-10)

图1-10 熊猫使程——中国熊猫币发行三十五周年纪念珍藏集包装

中国人民银行自1982年起以大熊猫为主题发行熊猫金币,在金银币上将熊猫之美通过复杂的铸造技术进行展示。中国熊猫币至2021年已连续发行37版,并作为年度常规贵金属纪念币项目在全球延续发行。作为中国人民银行权威发行的国家法定货币,熊猫金币集贵金属保值空间、艺术文化收藏内涵、钱币投资价值于一身,物超所值;作为世界五大投资币之一,熊猫金币在世界造币界独树一帜,赢得了国内外收藏者和投资者的一致赞赏,是国内带有面额的钱币投资佳品。2017年恰逢中国熊猫币发行35周年,"熊猫使程"熊猫币发行35周年纪念珍藏集应运而生,该珍藏集中包含一枚30克2017年熊猫银币及1949年至2016年间"熊猫外交"中受赠或租借熊猫的国家流通钱币,可谓尊享纪念,精制典藏。

四、节日礼品包装

世界上的不同地区，各自拥有许多历史悠久的传统节日。古往今来，世代相袭，每逢佳节登门拜访、探亲访友、赠别钱行，常特意携带礼品致送，以表深情厚谊。古语有云："千里送鹅毛，礼轻人情重。"表达的意思是礼物的价值不在于本身，而在于送礼者深厚的情意。节日礼品包装经历了早期装扮物品的个人自发行为到个性化设计的集体商业行为，越来越多的品牌开始意识到为节日打造专属的产品和包装是商品经济时代品牌营销不可或缺的重要手段。因此，节日礼品包装的设计要以促进产品销售和展示品牌形象为目的，从节日文化和礼俗中寻求包装设计的灵感，同时结合社会文化的大趋势，让年复一年的节日礼品包装在每一次的文创主题中焕然一新，也让节日文化与礼俗的传承以包装为载体循环往复、生生不息。（图1-11）

图1-11 vivo 2020 新年礼盒包装

  以年轮为灵感，糅合春夏秋冬，给岁月以记录，给生活以惊喜。vivo 2020 新年礼盒包装采用了 24 个不规则的圆弧圈圈作为创意图形，象征着 vivo 手机 24 年不凡历程和永恒不变的律动。

五、小众定制产品包装

"定制"一词,表达的是产品和服务两方面的双重意思,是指通过一对一的专属服务获得属于个人独一无二的专属产品。定制行为最早出现在农业社会,是达官贵人为满足生活所需而产生的,工业社会的大机器生产所创造的标准化产品制作模式使得定制一度成为历史的遗珠。在过去,定制是属于贵族和财富阶层专享的尊贵服务行为,定制的产品包括高级汽车、珠宝、服饰、鞋履、烟酒、茶叶等商品,但其共同特点包括顶级品质、价格不菲、人性化设计,强调鲜明的个性特色表现。然而在当代,商品的种类极大丰富,日益激烈的竞争使企业不断寻求差异化营销策略,"定制"因此再次登上了历史舞台,成为新经济时代备受推崇的营销模式之一。一些以个人名义打造的彰显个人特色的专属定制的产品与包装,也逐渐走进了人们的视野。因此,任何一种类型的小众定制产品的包装设计,都要强化对定制者的个人特色或家族文化的表现,同时要注重包装的观赏性与纪念性的设计,以此彰显产品与众不同的品质与档次。(图1-12)

码1-1 礼盒包装

图1-12 花西子"东方妆奁 镜照佳人"杜鹃定制礼盒包装

小轩窗,正梳妆,是女子的闺中雅致,愿卿启妆奁,绝世而独立。2020年4月,花西子携手极具东方美态的中国模特杜鹃推出"东方妆奁 镜照佳人"杜鹃定制礼盒。礼盒下层采取双层抽屉式设计,可用来放置化妆品,也可用来收纳小物件,边框则采用烫金杜鹃花纹饰,将东方妆奁的古典风韵展现得淋漓尽致。花西子联手杜鹃共同推出这款定制礼盒,也是希望借极具古典韵味的妆奁,为"梳妆"这一日常行为带来更强的仪式感与更诗意的个人感受。正所谓:一鬟如云,一笑生花,东方之美尽在于此。

图 1-13 爱哆哆"喜传和韵"婚庆礼盒包装——高鹏设计

自古以来，爱情的升华必将迎来终生的约定，婚姻既代表爱情又代表责任，其物化的对象既有古老浪漫的鹊桥神话又有同气连枝的共生相守。因此，该包装图形以喜鹊、宝相花、荷花、蝙蝠等吉祥元素为主，以珐琅彩形式组合形成玉文化图形，彰显爱情主题与和合文化。

六、其他文旅包装

除了上述 5 种文旅包装类别外，还有一些其他类别的产品包装开始逐渐进入文旅包装的范畴，主要包括婚庆礼品包装和活动用品包装，这些类别的包装设计要结合不同婚礼、庆典与活动的性质与特点，从不同的地域文化、传统文化或民俗文化中寻找创意的源泉，突出婚礼、庆典与活动的主题诉求与个性特色，赋予包装深刻的内涵与纪念价值，给受众留下难以忘怀的视觉与情感记忆。（图 1-13、图 1-14）

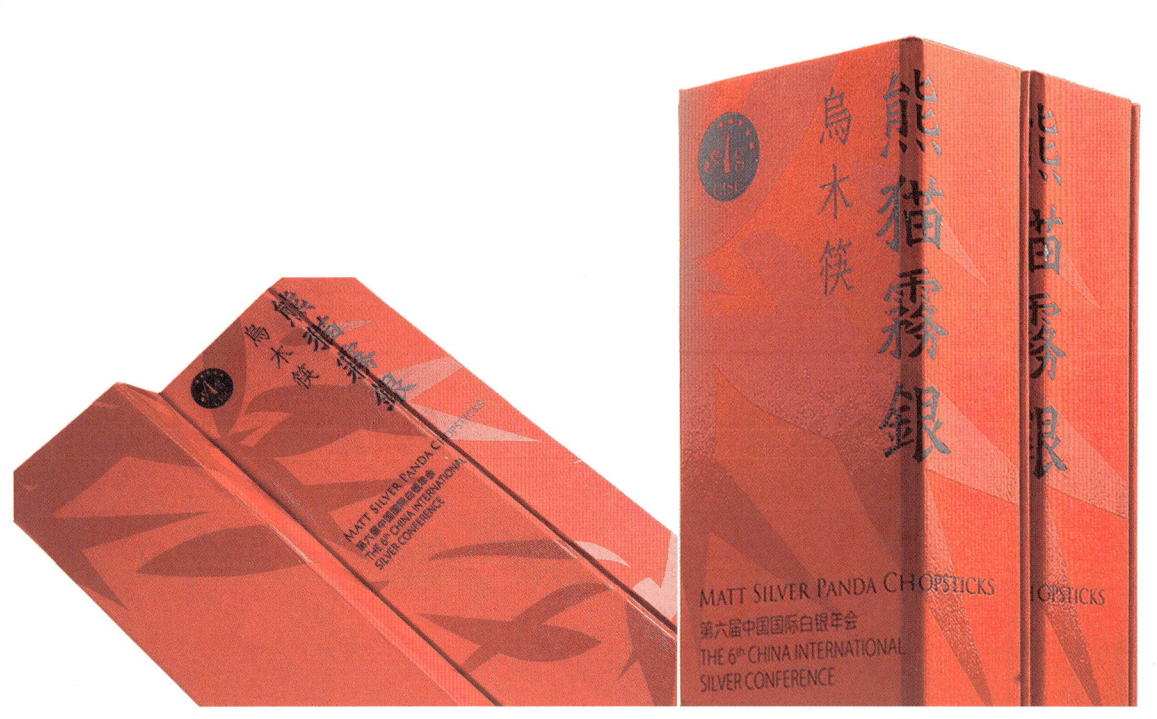

图 1-14 熊猫雾银乌木筷礼品包装——第六届中国国际白银年会

第三节　文旅包装的功能与价值

　　文旅包装的出现是历史发展与时代进步的必然，是包装设计学科发展与产业深化的结果。文旅包装不仅能够为旅游产品、文创产品、纪念品与工艺品、节日礼品、小众定制产品等特殊商品提供精准细致的包装需求，还拥有一些普通商品包装不具备的功能与价值，这些功能与价值充分展示了文旅包装存在的意义。归结而言，文旅包装主要有以下 5 个方面的功能与价值：

一、推动产品销售

　　同普通商品包装一样，文旅包装首要的功能也是推动产品销售。推动产品销售是文旅包装最基础的功能，也是其他功能与价值实现的基础。除了妥帖周全的保护与便利功能，文旅包装利用自身新颖别致、个性十足的造型结构与风格形式，赢得了更多消费者的青睐；同时，文化创意赋予文旅包装深厚而独特的气质与内涵，使文旅包装能够成为消费者之间传情达意的媒介，延长包装的留存价值，将更多与产品相关的信息传递给消费者，提升产品促销的力度。

二、整合形象价值

　　众所周知，优秀的形象无论是对于企业发展而言，还是对地区旅游经济而言都具有重要的意义。文旅包装所具备的整合形象价值的功能，无论是对企业还是地区都具有重要的作用。于企业来说，优秀的品牌文创产品包装能够对企业的产品、服务、品牌、文化等进行深度整合，强化企业的形象力价值，更好地展示企业有别于其他竞争对手的个性特征与优势力量。就地区而言，无论旅游特色产品的包装，还是旅游文创产品的包装都具备对产品形象、地区形象、文化形象进行有机整合的能力，这对于促进区域旅游形象的建立有着至关重要的作用。

三、丰富文旅内涵

　　随着时间的流逝，文旅包装在岁月的沉淀中愈发成熟、开放与包容，文旅的内涵也随着文旅包装不断丰富和深化，"文化创意、旅游发展"的基本含义已经不足以涵盖今天的文旅内涵。文旅内涵的丰富首先表现在文化创意的力量已经渗透到了旅游发展的方方面面，成为当代旅游经济发展最为重要的助推力之一。其次，文化创意的力量与文旅包装一同延展到了除旅游外的任何有需要的领域，"文旅"一词也不再仅仅是人们口中的热门话题，而是极为重要的新时代设计创意、品牌塑造、形象建设乃至经济发展源泉和手段之一。

四、促进文化传播

文化是一种社会现象，是人类在其社会发展中不断创造、总结和积累下来的精神财富的总和，因此文化也是一种历史传承，是人类精神在历史发展中的积淀物。同时，文化传播成为全球化时代各国间交流的重要方式，独特的文化形象能够让国家、地区更加富有精神魅力。文旅包装从文化中寻找创意灵感，让作为社会现象和历史传承的文化以包装为媒介得以广泛传播，为更多的人所了解、欣赏和接纳，在新时代焕发出新的生命力。

五、助力经济发展

从文旅包装产生的经济价值的角度可以看出，文旅包装的逐渐成熟对于旅游经济与品牌经济的发展有一定程度的促进作用，这是基于文旅包装推动产品销售与整合形象力量两大功能基础之上的间接功能。首先，通过文旅包装来推动产品销售以促进地区旅游业的发展与企业经济的增长，这是地区旅游经济与品牌经济发展的物质基础；其次，文旅包装的整合形象力量，在一定程度上能够促进地区旅游经济与品牌经济的结构优化，使经济结构向着持续良好的方向发展。

归结而言，在文旅包装的 5 个功能价值中，推动产品销售是文旅包装的基本功能，这一点与普通商品包装本质上没有差异。整合形象力量、丰富文旅内涵、促进文化传播、助力经济发展则是文旅包装不同于普通包装的优势功能，也是在文旅包装的设计中要着重去实现的价值。但需要注意的是，助力经济发展并不是文旅包装的直接功能，而是通过推动产品销售和整合形象价值这两个功能所实现的间接功能，与工农业生产、科技发展推动经济发展的作用是不可同日而语的。因此，我们必须辩证地看待文旅包装的功能与价值，分清楚文旅包装功能价值的主次，这是更加深入地了解与学习文旅包装的基础。（图 1-15、图 1-16）

图1-15 "鱼凫尚品"火锅伴侣礼品包装

　　鱼凫传说中是古蜀国五代蜀王中继蚕丛、柏灌之后的第三代蜀王，史称"鱼凫王"，建都在今天温江区一带。因鱼凫王建都，下令广植柳树作为国界，鱼凫古都杨柳依依，史称"柳城"（今温江城北鱼凫遗址）。鱼凫亡国后，每年鱼凫城依然万柳迎春，到隋代时因此而建立万春县，后因水道迁移县城南迁，到唐代更名温江。"鱼凫尚品"是成都温江区农产品知名品牌，旗下主要产品为精深加工农产品。"统一众多品牌，增强区域农产品市场竞争力"是鱼凫尚品的初衷，也正因此，"鱼凫尚品"的品牌价值，与温江区整体品牌建设、鱼凫文化的价值是密不可分的。因此，鱼凫尚品火锅伴侣的礼盒包装通过极具地方特色的古典插画，将鱼凫文化元素巧妙地融入包装之中，在展示品牌形象的同时也体现了温江区深厚、悠远的地域文化特色。

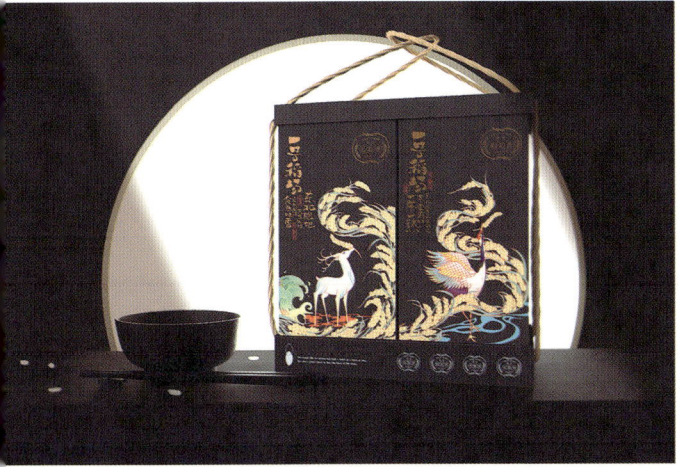

图1-16 "一号稻场"品牌旗下"一号精选"系列米包装——禾作文创

"一号稻场"品牌推出了"一号精选"系列特色优质大米,分别为东北长粒香、东北稻花香、苏北香软米、苏北有机米。禾作文创的包装设计理念是要以表现其地域特色,突出大米的卖点,因此选用了极具地域特色的自然动物与稻穗组合作为包装主图形,并用精炼的文字描述了不同大米品种的特色,期待与消费者之间建立更加亲密的连接。东北长粒香与稻花香分别选择了丛林精灵梅花鹿和象征健康长寿的丹顶鹤,突出了东北地区沃野千里的地域特色;而苏北香软米和有机米则分别选择了禾花鱼和稻田鸭,展示了苏北地区鱼米之乡的地域特色。

课后实训与练习

收集与分析:

根据本章所学的知识,收集不同的类别的优秀文旅包装设计作品(不少于10套),然后从每个类别的文旅包装作品中选择1套,结合该作品的文化背景进行设计评析。

提示与建议:每个学生都应该有自己的"作品库",对大量优秀作品的收集、鉴赏与分析是提升审美、拓宽视野最有效的手段,也是在设计前期必要的准备工作之一。

码1-2 月饼包装和伴手礼包装

第二章
创意"文旅"

032

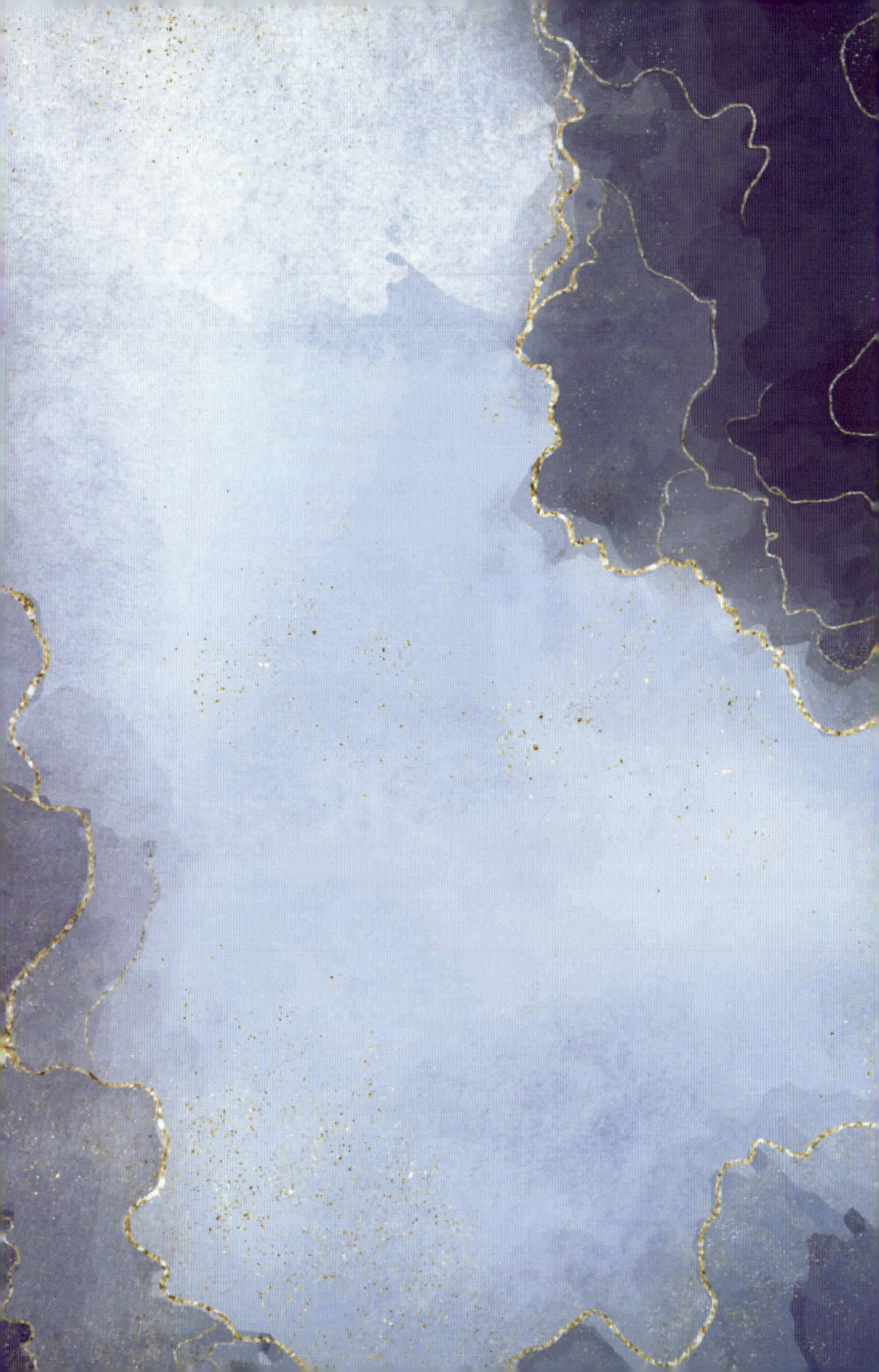

> 学习目标

通过本章的学习,让学生了解文旅包装的特征,理解文旅包装与一般产品包装的区别。然后,通过分析文旅包装的多种设计风格,让学生全面了解文旅包装设计特点,掌握文旅包装的创意表现手法。

文旅包装自诞生以来,以多样的风格形式、深厚的文化内涵、鲜明的个性特色带领我们领略包装艺术发展的精彩旅程。在这场精彩的旅程中,我们感受到文旅包装与时代并驾齐驱的力量,洞察到文旅包装与经济交融共生的态势,领会到文旅包装与文化唇齿相依的奥秘。时代的痕迹、经济的标记、文化的烙印,使文旅包装始终与时俱进、不断发展,以更好地适应新的时代,为各类产品与消费者提供更加多元周全的服务。

清楚地了解文旅包装的特征,并对文旅包装的风格有一个深入的了解与认识,是设计中一个不可或缺的重要环节,也是初学者更深层次地了解与探究文旅包装的必要途径,以便为之后的文旅包装设计奠定坚实的理论基础。

第一节 文旅包装的特征

"特征"一词,简单来说就是一个事物不同于其他事物的主要特点。将"文旅"二字冠于"包装"之前,不仅明确了文旅包装与一般产品包装的区别,也赋予了包装新的内涵与特征。因此,文旅包装的特征是指文旅包装不同于一般产品包装的基本属性与主要特点,归结起来主要包括突出文化的本质、体现地域的归属、强化个性的塑造、提升审美的表现与注重情感的传达这 5 个方面的内容。

一、突出文化的本质

对于文旅包装来说,文化是其本质特征,这个特征首先直接反映在各种类别的文旅包装之中:旅游产品包装中展示的地域文化、旅游文化,文创产品包装中蕴含的传统文化、品牌文化,纪念品、工艺品包装中传递的民俗文化,节日礼品包装中浓厚的节日文化与礼俗文化,小众定制产品中的家族文化与个人思想,以及婚庆用品包装与活动用品包装中各具特色的婚庆文化与活动理念等,展示了文化与文旅包装之间紧密的内在联系。其次,文旅包装从文化中寻找创意设计的灵感,形成独特的审美特征和丰富的形式内涵,不仅能够提升包装自身的气质与品位,也能更好地彰显产品的品质与档次、实现文旅包装的功能、展示文旅包装的价值。同时,优秀的文旅包装是一种有效的文化传播方式与交流载体,通过展示文化的独特魅力赋予其在新时代传承与发展的空间和动力。

二、体现地域的归属

文旅包装的地域性特征主要源自产品的属地化特点，可以理解为文旅包装所表现的产品的原产地信息。这些多样化的产品来自不同的地区，不仅仅是不同自然环境的优良产物，也是地区人文风俗的物化形态，拥有浓郁的地域特色与民俗风情。因此，文旅包装的地域性特征可以理解为从地理概念的角度来展示产品的原产地信息。得天独厚的气候条件，肥沃的土壤环境，高品质的原材料，独特的自然景观与人文风情等，文旅包装通过对产品原产地信息的创造性表现，能够帮助消费者去溯源产品的原材料产地和生产源头，强化产品与产地的关系，印证产品优良品质的同时，在消费者心中形成对产品的地域归属性的深刻认知，进而建立良好的区域品牌形象。

三、强化个性的塑造

与批量化生产的商品不同，文旅包装的产品因为受到材料、工艺、时节、需求等因素的限制，面对的受众也相对有限，因此"稀缺性"和"小众化"成为这类产品的标签。旅游产品、纪念品与工艺品的属地化直销，文创产品的限量生产与发售，节日礼品的时节限定性，小众定制产品的唯一性，婚庆礼品和活动用品的专属性等，都要求文旅包装以别具匠心的个性化设计区别于一般产品包装标准化、常态化、工业化的固定形象。因此，强化个性的塑造成为文旅包装的主要特征之一，独特而鲜明的个性能够赋予文旅包装新颖醒目、与众不同的外观形象与气质内涵，强化与烘托文旅产品稀有、小众的特性，提升受众对于产品的关注度和好感度。

四、提升审美的表现

文旅包装的审美主要包含包装的形式美与意趣美两个方面，相比一般产品包装而言，文旅包装对审美的要求相对更高，这主要是取决于文旅包装的产品类型。文旅包装的形式美主要是指文旅包装在结构造型、视觉表现与材料应用三个方面的设计审美表现，意趣美则是在形式美的基础上，通过别具一格的风格形式、妙趣横生的互动方式凸显文旅包装的内涵与情趣。同时，审美表现与个性塑造之间有着不可分割、交互共生的关系。如前文所述，从文化中寻找创意设计的灵感，才能使文旅包装的审美不只停留在表面，而是形成一种由内到外的整体美，一种直抒胸臆的情感美，将形式美与意趣美完美融合，才能展示文旅包装独特的风格气质，才能提升文旅包装的品位与层次。

五、注重情感的传达

文旅包装之所以能够打动受众，除了其具有个性与审美的力量外，更多还在于文旅包装被赋予了情感表达的功能，情感的表达不仅强化了文旅包装作为受众与产品之间沟通交流的媒介作用，也赋予了文旅包装更多人性化的温暖。不同的文旅包装被赋予了不同的情感，这些情感有的来自对产品特征细腻刻画的倾情解说，有的源自对生产者或原产地浓情厚谊的生动诠释，有的是对于赠礼者情谊的含蓄表达，有的是向传统和手工艺致敬的情怀抒发等，不仅印证了情感表达是文旅包装的主要特征，也从另一个角度明确了文旅包装的情感表达要以个性的突出与审美的提升为基础，重视外在与内涵的和谐统一，才能使文旅包装真正实现"以情动人"。（图2-1、图2-2）

图 2-1 武夷金锁匙岩茶包装——厦门艾多米文化传播有限公司

  武夷岩茶金锁匙是武夷山珍贵的名枞之一，也是武夷岩茶十二金钗之一，选用种植在武夷山风景区内的金锁匙品种，经过 27 道精致工艺加工而成，香气浓郁高长，滋味醇厚回甘，"岩韵"显。金锁匙的包装在整体设计上把茶叶、茶杯及茶叶的历史元素融合成 4 把不同造型的金色钥匙，仿佛打开了一本记载茶叶发展之路的历史书，从发现茶、制茶、茶马古道、茶马互市，到现在的扬帆远航，意寓着金锁匙岩茶远销海内外。

初唐 窟 217 南壁 "丝绸之路的美好旅行"

系列书签

小憩片刻 约路途中 人生真谛 在寻求 万缘随和 天地宽广 舍茅吐瑞 花树初发

图 2-2 "山间行旅"系列书签包装

　　跨越时空，联系太古与未来，于寻找人生真谛的旅途上，暂时停留春日碧山中，小憩片刻。"山间行旅"系列书签及其包装设计以敦煌 217 窟壁画为设计源泉，以天地宽广、万缘随和的山水意向为造型基础与色彩基调，结合当下人们生活方式，对诠释和传承这一片段的敦煌文化做出了新的探索。

码 2-1 工艺品包装和月饼包装

037

第二节　文旅包装的风格

当古老的中国元素披上潮流的外衣，张扬地演绎那神秘而独一无二的东方魅力时，传统却始终以一贯的含蓄和庄重，优雅地包容着这一切的变化；当喧嚣充满生活，乡村的亲切与宁静犹如一缕春风扑面而来，民族风的绚丽多彩吹开了曾经的一成不变，带来更多不曾有过的惊喜；当倦怠在高度工业化的生活中无限蔓延，手作的质朴却似一股清流送来一丝天然而纯粹的喜悦；当长久的疏离被节庆的热闹氛围打破，情感便在这礼尚往来中日益醇厚；当怀旧成为习惯，简约成为永恒，古典与现代看似渐行渐远，实则在时代的洪流中始终携手与共……

于文旅包装来说，风格不仅是视野中的仪态万千，也是感触中的丰富多彩，还是互动中的巧夺天工，是文旅包装整体呈现出的具有代表性和典型性的独特的形式与气质，是一定量的文旅包装作品所体现出的能够表现时代性、地域性、文化性与审美性作品的外在与内涵，也是文旅包装在结构造型、视觉表现与材料应用三个方面的综合体现。归结而言，风格的多元化发展是文旅包装逐步走向成熟的标志。

一、浪漫时尚的"国潮"风格

如果要问近两年最火的潮流概念是什么？那一定非"国潮"莫属。"国潮"风格，特指具有中国传统特色的视觉元素与当代时尚潮流的深度融合所延伸出的风格形式。早期，"国潮"风格主要出现在各类服饰潮品之中，深受年轻人的喜爱，而后以极快的速度延伸到视觉设计领域，独具个性特色的中国传统元素在现代设计理念与表现技法的装点下变得愈发时尚而浪漫，在现代时尚潮流中展现出东方美学的神奇魅力。如今，在"国潮"风格的引领下，越来越多的中国自主品牌从中国文化与艺术中寻找创意设计的灵感，打造出一款款精美灵动、时尚靓丽又极具文化内涵的文旅包装作品，以"国潮"风格的力量彰显中国产品的优秀品质和自主品牌的个性特色。

从中国民俗艺术中受到启发，"国潮"风格的文旅包装饱和鲜亮的色彩搭配，给予受众最具个性特色的视觉印象表达，因此无论是典型传统元素的设计时尚化，还是时代风情元素的传统化表现，都能在这精心搭配的色调中焕然新生。除了色彩与图形外，"国潮"风格的文旅包装将各色极具中式韵味的包装结构造型与各种新材料、新工艺相结合，展示只属于中国潮流的时尚魅力。（图2-3）

图 2-3 德芙 × 三只松鼠 2020 新年礼盒包装——上海东方好礼

德芙与三只松鼠都是非常新潮的零食品牌，而春节是一个历史非常悠久的传统节日。因此，将时尚零食与传统文化相结合，打造极具怀旧韵味的中国传统年味，是 2020 年德芙与三只松鼠联合定制新年礼盒设计的特色所在。设计师从国粹京剧高手过招的场景中获得创意灵感，复古又浪漫的圆形铁盒与"国潮"风格的视觉设计的完美结合，让德芙与三只松鼠在舞台中央来了一场精彩的"双龙戏珠"表演。

二、宁静亲切的乡村风格

早期,乡村风格是指在室内装饰设计中在满足舒适为功能的前提下,将材质本色作为主色调,突出不着雕饰、自然朴实的设计效果的风格形式。近年来,匆忙喧嚣的城市生活使人们愈发渴望乡村的宁静祥和,同时随着乡村旅游产业的快速发展,乡村风格的文旅包装应时而生。随着旅游经济的发展,乡村风格在具有浓郁地域特色的旅游特色产品的包装上得到了极为广泛的应用,依山傍水的田园风光,竹篱茅舍的乡村美景,男耕女织的怡然生活,这一幅幅淳朴亲切的乡村人文风情画面,正是乡村风格的文旅包装所要表现的核心内容。

竹、木、藤等天然材料和素雅的布艺元素与乡土气息浓郁的包装造型的结合是乡村风格文旅包装的一大重要特点。除此之外,在包装的色彩设计方面,除了材料的本色外,通常以清幽的森系色和淡雅的田园色为主,色彩种类控制在相对较少的数量,搭配各种具有田园情调与乡土风情的绘画图形,突出乡村风格的文旅包装宁静亲切的设计理念与气质氛围。(图2-4)

梯田孕育了灿烂的山地农耕文明,一碗哈尼红米见证了山岭上的鸿篇巨制,能把对土地的眷恋和对上天的景仰,如此密切系于一心的唯有农耕民族。云南红河地区的哈尼族自古以糯米为主食,在高山梯田里种植着近百种原始的红米。梯田红米,传统老种,基因稳定不退化,原始古法耕种,施农家肥,引山泉水灌溉,属原生态农作物,口感软糯,具有极高的营养价值,为馈赠食用的佳品。应时发生品牌旗下"作夫喜食"云南梯田红米包装将农耕文明的典型代表哈尼族梯田作为包装图形,以乡村风格的绘画手法加以表现,结合竹、布、纸张等材料,充分展示了梯田红米原生态的好品质。

图 2-4 应时发生品牌旗下"作夫喜食"云南梯田红米包装

三、庄重含蓄的传统风格

　　传统风格的文旅包装是指以中国传统文化为基础，利用现代设计理念，从中国传统的建筑设计、服饰设计、国画和书法等文化艺术中挖掘可用的设计资源，设计出具有传统中式古典气韵，令人赏心悦目、回味悠长的文旅包装作品。与"国潮"风格的时尚浪漫不同，传统风格的文旅包装追寻的是对中国禅宗文化与儒道精神的再现，崇尚古朴庄重、优雅含蓄的视觉表现与返璞归真、和谐泰然的意境追求。因此，在西方时尚文化无处不在的现代社会，中式传统风格始终能够给予文旅包装雅致清幽的意境、舒缓愉悦的情怀与大气包容的中式风范。

　　国画水墨淡泊清雅的意境，汉字书法或磅礴大气、或秀丽工整的气韵，都是传统风格的文旅包装能够应用的表现格调；同时，从中国传统建筑、服饰中获得的对称的设计手法，无论是在包装的造型结构设计上，还是在视觉元素设计上，都能很好地营造出庄重、大气的视觉效果。此外，在色彩方面，传统风格的文旅包装偏好或清雅淡然、或浓墨重彩的色彩搭配，以及使用大面积的留白突出材质和工艺的层次表达，以提升包装的审美情趣。（图 2-5）

贵州华丹×剑雨阁心×2019

图2-5 华丹道家秘制养生露酒包装

在中国，最让人骄傲、最能撩拨记忆的是承载那五千年的史实文化，而文化则是维系整个民族情感的纽带。华丹仿若一位饱含文化记忆的传承者，用承载传统文化的历史典故、书法墨宝、绘画艺术，在自然、社会、人生氤氲间，讲述着文化、道养、自然三者间的不解之缘。因此，"道传中华、丹道益养"既是品牌文化的经典浓缩，亦是对中国传统文化的传承发展。作品从中国传统文化中寻找创意的灵感，仙鹤、折扇、太极图、葫芦等传统元素的巧妙应用，将华丹酒包装中蕴含的中国道家文化演绎得淋漓尽致。

四、绚丽多彩的民族风格

每一个民族都有其独特的风俗习惯和丰富多彩的文化艺术生活,这是各民族在时代的发展、岁月的沉淀中存留下来的珍贵遗产。由于历史发展的原因,一个国家可以有多个民族,一个民族也可以生活在不同的国家,民族风格的文旅包装因此带有极强的地域性色彩。归结而言,从不同民族的文化艺术中寻找创意设计的可用性资源,能够赋予文旅包装极具民族特色的外观形态,在促进产品销售的同时也成为传播民族文化的重要载体。

从民族服装、配饰、日用品与工艺品等中提取特有的色彩作为文旅包装色彩设计的基础,能够使民族风格的文旅包装给人带来鲜明、独特的第一印象,同时通过利用现代设计理念对不同民族特有的纹饰、图形进行再创造,这是民族风格的文旅包装主要的视觉设计方式。对不同民族所处地域特色材料与民俗工艺进行融合,也是打造民族风格文旅包装的重要方式。(图 2-6)

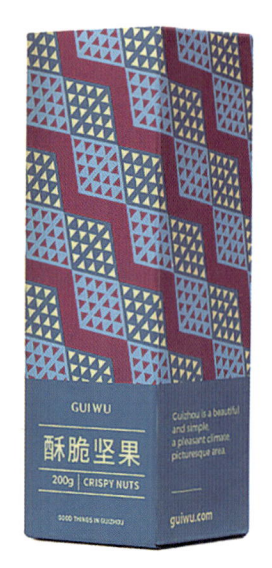

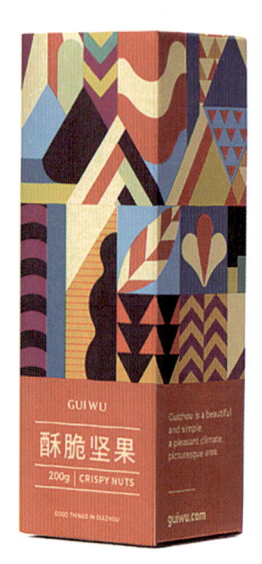

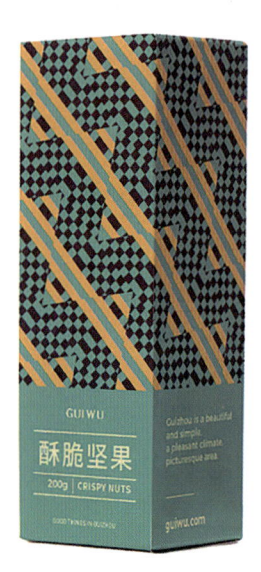

图 2-6 "贵物"贵州特色伴手礼包装——贵州上行设计

　　贵物是一个分享贵州好物的品牌，集结贵州独有的特色产品，致力于打造一个贵州好物的销售平台，为消费者提供优质、独特、健康的贵州特色好产品。贵州上行设计整合了诸多的贵州特色文化元素，将具有多样性的贵州元素和民族文化用精简的方式设计表现在贵物的包装设计之中，再加之极具民族特色的色彩搭配，展现了贵州丰富多彩的民族文化魅力与贵物品牌生生不息的发展动力。

五、质朴天然的手作风格

现今,高度工业化带来了商品同质化越来越严重的现象,当人们面对同类产品难以抉择的时候,手工产品开始展现出其稀有而独特的魅力;当包装设计标准化带来的倦怠开始无限蔓延,手作风格的文旅包装的出现,带来了不同于流水线的质朴天然,给人们带来一丝抚慰心灵的脉脉温情。手作风格是个性的,是独一无二的,手作的魅力在于它不仅是精心勾勒却简单自在的微小情趣,也是彰显自我的情感抒发与分享,还是随时间沉淀般举世无双的气质情怀。

手作风格的文旅包装,重在对细节的表达,简单的精致、生动的温暖以及随性的轻松,都是手作风格可以演绎的独特气质。首先,淡雅简洁的整体色调是手作风格的文旅包装视觉设计的第一要点,同时搭配用色单纯、手法简单的手绘图形,能够营造出完全异于计算机图形设计的质朴气质;其次,摒弃规整严谨的印刷字体,使用随性却极具个性特色的手写风格字体,可以强化手作的形式与内涵;再次,使用带有天然肌理与质地的纸张,以及麻、棉、陶等富于自然气质的材料作为包装材料,可以与包装视觉设计一起共同营造手工产品质朴天然的个性特色。(图2-7)

图 2-7 泾阳茯茶包装

  陕西泾阳茯茶,距今已有 600 多年的历史,因其是在夏季伏天加工制作,其香气和作用又类似茯苓,且蒸压后的外形呈砖状,故又称"茯砖茶",隶属黑茶类。"自古岭北不植茶,唯有泾阳出砖茶",泾阳茯茶工艺复杂,多达 29 道筑茶工艺,并有"三不制"之说。在古代,泾阳茯砖茶沿"丝绸之路"远销中亚、西亚等 40 余个国家,因而被誉为"丝绸之路上的黑黄金"。2013 年 09 月 26 日,国家质检总局(现国家市场监督管理局)批准对"泾阳茯砖茶"实施地理标志产品保护。该包装采用白描的表现手法,用三种中式绘画古典色来表达三种等级的茶砖,底部用清末流通的茶票作为贴纸封口。为了更好地展现泾阳茯砖茶背后蕴含的清末陕西的秦商文化和民俗文化,此包装采用手工宣纸作为包装材质,使用纯手工雕版印刷工艺对图案进行拓印,以别具韵味的手作风格演绎了传统手工制茶的独特魅力。

六、怀旧典雅的古典风格

需要注意的是,这里所讲的古典风格,不同于前文所讲的中式传统风格,而是特指现在广泛使用在文旅包装设计中的欧洲古典风格。欧洲古典风格有着较长的发展演变历程,对欧洲的建筑设计、家具设计、平面设计都产生了非常重要的影响。虽然在不同历史时期有着形式表现方面的差别,但追求华丽精致的视觉效果、高贵典雅的气质氛围仍旧是欧洲古典风格的主要特征,这些特征不仅是西方古典人文主义精神与文艺风格的体现,同时也折射出西方传统审美对现代社会的重要影响。

在色彩方面,古典风格的文旅包装偏好纯色与金属质感的色彩搭配,营造出一种华丽而怀旧的视觉印象。同时,从欧洲古典风格的建筑、家具设计中发现的各种唯美奢华的古典装饰纹样与强化细节表现的包装图形,是古典风格的文旅包装在视觉设计方面的典型特点。此外,在包装材料方面,柔滑细腻的纸张、晶莹剔透的玻璃,搭配复古华贵的金、银、铜材质,以及拥有天然粒纹与光泽的皮革和行云流水、光洁绚丽的丝织品等,再加之各种印刷工艺的加持,使古典风格的文旅包装始终展现出由内而外的高贵气质与怀旧气息。(图 2-8)

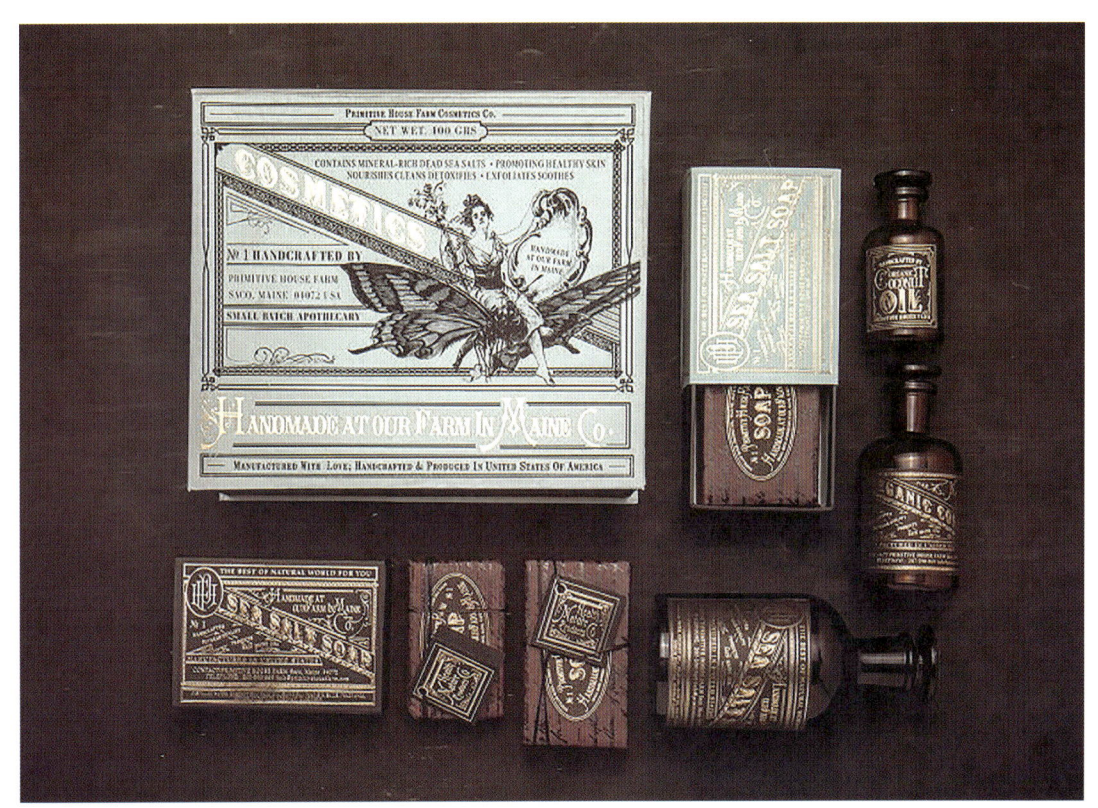

图 2-8 Primitive House Farm 手工化妆品包装

以深褐色为主的低饱和度色彩与金色的完美配搭，再加上复古的图形与字体的加持，营造出别有情趣的怀旧而雅致的西方古典风格，完美匹配了 Primitive House Farm 手工化妆品的产品定位。

七、简约大度的现代风格

毫无疑问,现代风格是当今时代应用最广、最为百搭的文旅包装风格,这是由于现代风格基于突出信息传播的功能性原则与追求简约大方的外观设计所决定的。简要精约的现代风格,没有过多的装饰元素,易于和不同的产品与品牌形象融合,形成简洁且富于个性与内涵的外观形式,同时,现代风格包容大度的气质特性,使其能够迎合大多数人的审美喜好而具有较高的受众接受度。因此,现代风格能够满足大多数文旅包装的需求。

崇尚简洁的包装盒型与容器设计,是现代风格文旅包装的一个较为突出的特点。以直线为主的造型结构线设计,尊重材质的个性特色,在突出包装功能至上的同时,强调包装形态的简洁美。因此,现代风格的文旅包装看似普通,在开启之后却能够给人一种别有洞天的惊喜感。在视觉设计方面,现代风格摒弃多余的装饰,只保留必要的信息内容,并结合精致的版面编排与和谐的色彩设计,一方面突出包装信息内容传递的准确性与美观度,另一方面强化对包装内涵的表达,这是现代风格的文旅包装设计所要把握的重要原则之一。(图2-9)

图2-9 纯品芝麻油礼盒包装

为了凸显纯品芝麻油"盖不住的纯正味道"的产品特质,设计师对芝麻的形状进行了创意设计,将其演变为具有符号象征性质与装饰效果的四款抽象图形,并将其与产品名称、品牌名称及其他文字进行组合设计,红黑色与纸张原色的色彩搭配,再加之简洁的容器和纸盒造型,营造出简约又纯粹的风格气质,彰显了纯品芝麻油100%纯芝麻精制的优秀品质。

纯品
芝麻油
Sesame oil
Yangxiang
精制
100%
自然纯香
芝麻油
（非转基因用油）
盖不住的纯正味道！
CAN NOT COVER THE PURE TASTE!
• 200ml •

纯品
chún pǐn
芝麻油
Sesame oil
Yangxiang
精制
100%
自然纯香
芝麻油
（非转基因用油）
盖不住的纯正味道！
CAN NOT COVER THE PURE TASTE!
• 200ml •

图 2-10　飞鱼科技 2018 年中秋节月饼礼盒包装

厦门飞鱼科技是国内一家互联网游戏开发与运营商，公司旗下拥有数款精品网络游戏产品，如《神仙道》、《保卫萝卜》系列、《三国之刃》、《超级幻影猫》系列等，凭借多款产品、服务质量获得多项行业重要奖项和玩家认可。飞鱼科技 2018 年中秋月饼礼盒包装将《保卫萝卜》等游戏中的角色，以生动活泼的卡通风格予以表现，再加上黄紫色的极致对比与五彩色搭配的主画面，营造了一种别开生面、热闹缤纷的场面。

八、热闹缤纷的节庆风格

节庆又称节庆活动，是指在固定或者不固定的日期内，以特定的主题活动方式，约定俗成、世代相传的一种社会活动。节庆活动是一种社会现象，能集中体现不同的国家经济发展水平，反映不同的历史文化。通常而言，节庆活动可以分为传统节日活动和现代庆典活动两大类别。传统节日活动通常具有约定俗成、世代相传的特点，因此形成了具有鲜明特色和深刻寓意的节日文化；现代庆典活动则包括各种会议展览、商贸交流、文化活动、体育赛事、纪念日等，是现代经济社会发展的产物，具有主题丰富、形式多样的特点。

对节日文化与庆典主题的准确表现是节庆风格的文旅包装需要把握的首要原则，因此，节庆风格的文旅包装拥有多样的表现形式，但基于节庆不同于常规时日的特殊性，整体包装设计应当营造并传达一种热闹、愉悦的氛围。于传统节日而言，每一种节日都有其固定的习俗、文化和特色物件，或是喜气洋洋的阖家团聚，或是满载追忆、表达浓情厚谊，又或是美德传承的上下并举，抑或是信仰与感德的双重表达。因此，从不同的节日文化中寻找创意的灵感，对象征节日的特定色彩与包装的造型、材质进行巧妙结合，结合时代变迁的脚步对节日固有的元素进行设计创新，迎合不同时代受众的审美品位；于现代庆典来说，诠释不同的庆典主题，传递独特的活动精神是这类文旅包装所要满足的基本要求，因此，我们可以对庆典的专属视觉形象与包装的造型、材质进行结合，打造独一无二的庆典印象，以满足庆典宣传推广的相关需求。（图 2-10）

053

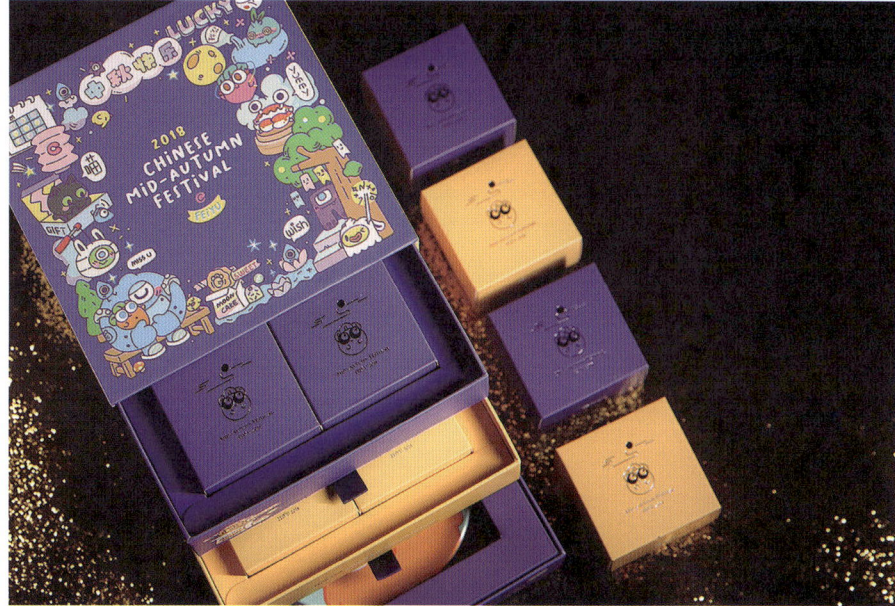

九、善变小众的其他风格

除了上述 8 种主流的文旅包装风格，还有一些使用率较低、受众面较小的文旅包装表现形式的存在，它们小众而善变，难以被归纳在某种风格类型之中，但能不断为文旅包装设计的发展注入新的动力。这些表现形式常在一些小众定制产品的文旅包装中出现，偏好极致的个性化外观设计，强调对家族文化、个人思想以及一些特定含义的体现，因此会使用一些稀有、昂贵的材料，结合一些非主流的、特别的视觉表现形式，强调包装与众不同的层次品位与典藏价值。（图 2-11、图 2-12）

图 2-11 Anastasia 纳斯塔手工曲奇礼盒包装——尚智包装设计

Anastasia 纳斯塔是一家专注高端手工曲奇的甜品品牌，创始人是一位美丽优雅的女性，她希望把天然优质的产品理念融入品牌与包装的视觉设计之中，让顾客能感受到产品的心意与生活的诗意。纳斯塔手工曲奇礼盒包装秉承"用味蕾唤醒森林"的手工曲奇的产品理念，旨在打造一款独一无二的高端曲奇礼盒包装，让天然的美味伴着森林的微风，拂过每一个阳光耀眼的日子。包装以森林绿为主色调，搭配来自曲奇食材的天然色彩——红、橙、黄、绿、棕五色，让红丝绒莓果曲奇、法式咸芝士曲奇、抹茶慕斯巧克力曲奇、海盐巧克力曲奇、牛奶芒果曲奇变身为五个可爱的森林精灵，利用创新设计的随身小食盒，让顾客将有趣的森林精灵尽收囊中。

056　第二章　创意"文旅"

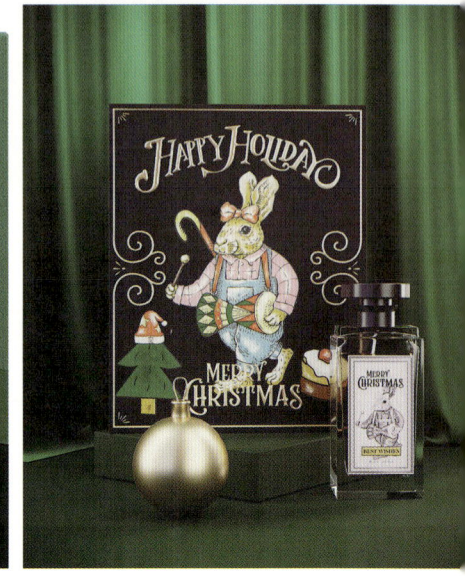

码 2-2 视频包装

图 2-12 "兔子打鼓"圣诞限定香水礼盒包装——你好大海品牌设计

"兔子打鼓,人生耗电,回忆才是人生的电池……",设计师以此为设计理念,将圣诞限定香水礼盒呈上,祝大家圣诞节快乐!

课后实训与练习

文旅包装设计的选题调研:

根据本章所学知识,选择以下4种主题中的一种,从产品特点、品牌诉求、产品受众、竞争对手分析等方面进行资料收集并做市场调研,撰写项目设计策划书,策划出详尽的文旅包装设计方案,并将其制作成PPT。

(1)月饼、粽子等传统节日礼品的包装。

(2)国家或地区旅游特色产品的包装。

(3)某品牌产品的(节日、纪念日、贵宾专属、限量版等)文创产品包装。

(4)特定活动(婚礼、校庆、周年庆等)的活动用品包装。

提示与建议:选题调研不仅是文旅包装设计的必要环节,也是培养学生的分析能力、比较能力、表达能力与策划能力的重要途径,其重要性不言而喻。从实战角度出发,选择合适的选题,通过深入翔实的资料收集与市场调研,获得有用的信息。在这个练习中,明确设计定位尤为重要。

第三章
设计"文旅"
058

> **学习目标**

通过本章的学习，使学生在了解文旅包装的设计原则的基础上，从文旅包装的结构造型、视觉表现与材料应用三个方面让学生重点学习文旅包装的设计流程与设计方法，全方位掌握文旅包装的创意、设计与表现技能。

文旅包装的设计，是文化与旅游的一场浪漫邂逅，是科技与艺术的一次精彩碰撞，是过去与未来的一番美好共话。毫无疑问，这是一场复杂、曲折且艰难的创作过程，反复推敲的结构造型，再三尝试的视觉表现，屡次斟酌的材料应用，每一次都极尽思考、呕心沥血。然而，这也是一次时刻充满惊喜的设计旅程，于空间的巧夺天工中惊叹，于色彩的流光溢彩中迷醉，于图形的变幻无穷中遐想，于文字的千锤百炼中沉思，于每一次发现中获得惊喜。

文旅包装的设计主要包括结构造型、视觉表现和材料应用三个方面，它们相辅相成，不可分割。在开始设计之前，应当充分了解文旅包装的设计原则，并在此基础上对文旅包装进行精心的策划，这样学生才能在之后的设计中得心应手、游刃有余。

第一节　文旅包装的设计原则

文旅包装的设计原则的制定应当站在时代发展的大背景下，以对文旅包装过去的了解与未来的预测为基础，同时结合文旅包装的功能与价值、文旅包装的特征等内容进行深入思考、严谨归纳，使其具备理论的准确性、标准的高度化与应用的普适度三个方面的特点。归结而言，文旅包装的设计原则主要包括展示产品特色、彰显内涵情趣与创造附加价值三个方面的内容。

一、展示产品特色

作为文旅包装首要的设计原则，展示产品特色凸显了文旅包装从包装本身的角度出发的设计标准与表现需求。本书的第一章就已经阐述了文旅包装所包含的六大类别，不同的文旅包装所服务的产品对象是不一样的，因此其设计表现的内容也是因产品而异的，这就决定了文旅包装的设计首先要以展示产品特色为基础，在设计中体现吸引消费者的产品信息和价值内涵，以此激发消费者的兴趣与购买欲，实现文旅包装促进产品销售的目的。

要满足文旅包装展示产品特色这一设计原则，就要满足包装设计形式与内容相统一的基本需求，以文旅包装产品的内容属性的表达为核心，通过使用独特的包装形式语言为包装的产品内容服务。需要强调的是，文旅包装的形式语言必须要契合产品内容才能展示产品特色，因此可以从产品的地域特色、文化内涵、品牌价值等方面去挖掘这类信息，进而使用创造性的包装形式语言去表现对象产品区别于其他同类产品的个性特色，凸显对象产品的与众不同。

二、彰显内涵情趣

彰显内涵情趣是文旅包装的第二个设计原则，是文旅包装在精神层面需求的设计原则，是指文旅包装的设计要彰显包装的文化内涵与审美情趣。在本书第二章所阐述的文旅包装的特征之中，分别强调了突出文化的本质与提升审美的表现这两个方面，从另一个角度明确了必须通过设计的力量使文旅包装具备深厚的文化内涵与独特的审美情趣，加强其与受众之间的情感互动，促进文化的交流与传承。

彰显情趣内涵，要求设计者在包装的结构造型、视觉表现与材料应用等方面拥有娴熟精湛的设计表现能力，同时拥有对设计对象进行全方位、深层次了解与分析数据信息的能力，然后在整体策划的基础上通过对文旅包装外观形式美的塑造，赋予文旅包装别具一格的意境与情趣，吸引受众的关注，获得受众的喜爱，在与受众深度互动的过程中传播产品与其包装的精神理念和文化内涵，更好地实现文旅包装的功能与价值。

三、创造附加价值

文旅包装设计的第三个设计原则是创造附加价值，是指在实现包装基本功能价值的前提下为文旅包装创造更多的附加价值。在本书的第一章，就已经明确了推动产品销售是文旅包装的基本功能价值，而之后的整合形象力量、丰富文旅内涵、促进文化传播、助力经济发展则是文旅包装区别于普通包装的功能价值，也就是这里所说的文旅包装的附加价值，是必须通过设计的力量才能创造出来的。

创造附加价值，要求设计师在进行文旅包装设计时要有更开阔的视野与更深入的着眼点，充分研究分析时代背景、市场环境、需求条件、区域经济等非设计因素对文旅包装设计的影响，理清在新时代新经济环境下文旅包装所要满足的各项功能需求，利用设计的手段赋予文旅包装在推动品牌建设与发展、促进文化传播与交流、助力地方旅游经济发展等方面的附加价值。同时，文旅包装附加价值的实现也是文旅内涵丰富与深化的重要表现之一。（图3-1、图3-2）

图 3-1 锦食潮盒（百草味限定年味礼盒）

百草味是一家售卖全品种零食的品牌，品牌理念定位于为天下吃货寻找好吃、有趣的零食。百草味的锦食潮盒致力于打造一款具有东方情调、中国风味的零食"国潮"好礼，因此选择了爆炸盒作为礼盒盒型。礼盒共四个立面，每个立面有四层，分别从产地、创新、研发技术与当季时令四个方面出发，确定了礼盒四个立面的主题——新国味、潮趋势、品市井、赏时节，用"国潮"风格绘制不同的插画发散到每一个面的每一层，从好玩好吃的角度给消费者营造了从视觉到味觉的双重体验。

063

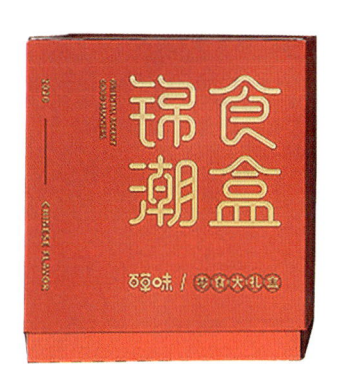

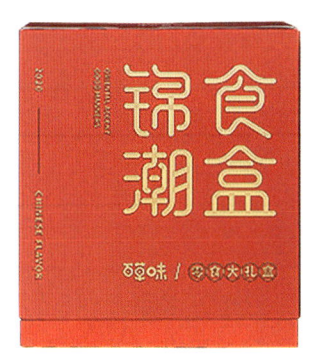

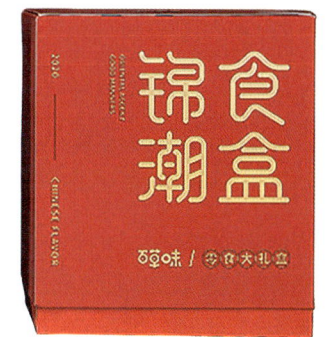

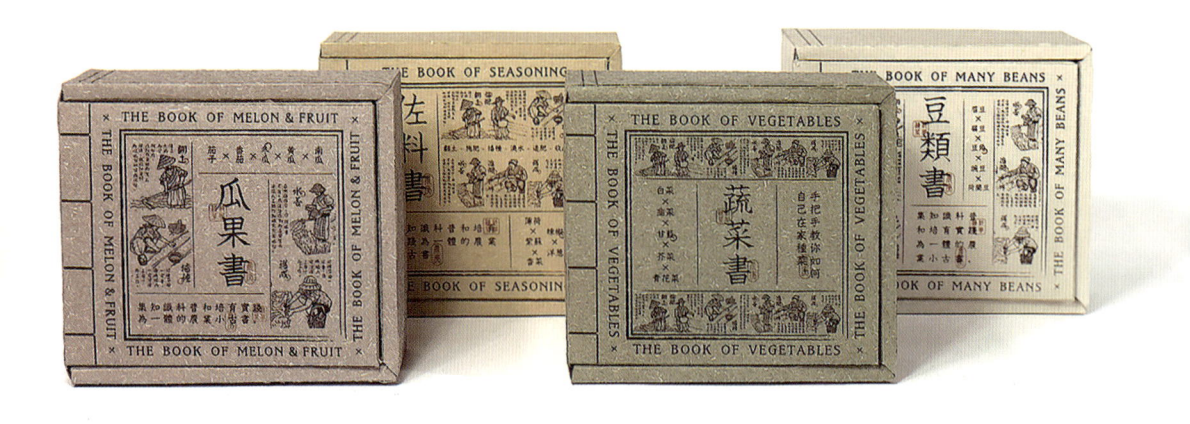

图 3-2 "种子书"包装设计

码 3-1 包装设计及动态展示效果

"种子书"集科学知识和栽培实践为一体，记录了植物的形态、名称、起源、种植方法、种植天数与果实功效等方面的内容。共分为四卷，分别是蔬菜书、佐料书、豆类书和瓜果书。包装盒设计的灵感源于中国古代农业典籍，四种不同的中国传统色彩被用来代表不同种类的种子，在打开包装后会看到一页页的种子细节和种植方法插图介绍，使用盒中自带的袋装种子包进行种植就像冲泡咖啡一样简单。该包装的设计不仅是为了促进产品的销售，更希望能够重新激发起现代人的种植热情。

第二节　文旅包装的结构造型

　　文旅包装的结构造型是指关于文旅包装各单元体或部分之间的组成关系与包装整体形态构成的设计环节。文旅包装的结构造型是科学性与艺术性的完美结合，科学性体现在满足包装的各种物理功能的结构设计方面，而审美性则体现在彰显包装个性与情趣的造型设计方面，两个方面相辅相成，不可分割。归结而言，文旅包装的结构造型主要包括满足功能的比例结构、追求审美的形态外观与创造互动的开启方式三个方面。其中，合理的比例结构是塑造悦目的外观形态的基础，而开启方式则是外观形态设计不可或缺的组成部分，新颖的开启方式能够成为文旅包装结构造型的点睛之笔，赋予文旅包装别出心裁的设计意味与形式意趣。

一、满足功能的比例结构

　　从物理功能的角度来看，主要包括保护功能与便利功能两个方面。保护功能是指文旅包装要具备在对产品进行搬运和储存时不受损坏的作用，这就要求文旅包装的结构设计要首先考虑产品的性质、形状、尺寸和重量等方面的因素，使包装具备保护产品不受各种外力损坏的功能。便利功能是指文旅包装要能够满足便于物流运输、产品展示与受众的携带、使用等需求，因此在设计时要充分考虑文旅包装的运输储存条件、人机工程学、受众群体需求等方面的内容。归结而言，文旅包装各单元体或部分之间应当具备合理的比例尺寸与巧妙的结构组成，在凸显包装结构设计的科学性与严谨性的同时，充分考虑不同包装材料与加工工艺的特性，强调包装材料对于包装结构设计的重要性，达到结构设计与材料应用的完美融合。最后，包装结构设计要以人为本，以人机工程学关于人体手部结构与动作机能的特征参数作为包装结构设计的重要前提，充分考虑受众使用的便利性，以提升文旅包装在受众心中的好感度，拉近产品与受众的距离。（图 3-3）

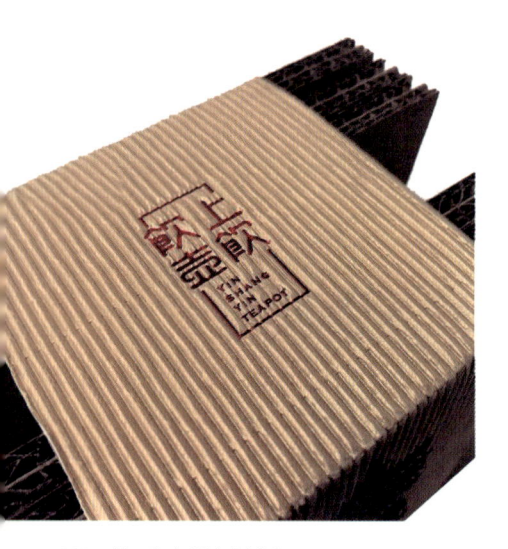

　　该作品从茶壶产品的外观形态出发，利用瓦楞纸进行巧妙的设计，独特且便于加工制造的包装结构造型不仅能够周全地保护茶壶产品，还赋予了产品及包装与众不同的个性特色。

图 3-3 "饮上饮壶"包装——2019 年 Pentawards（全球包装设计大奖赛）银奖作品

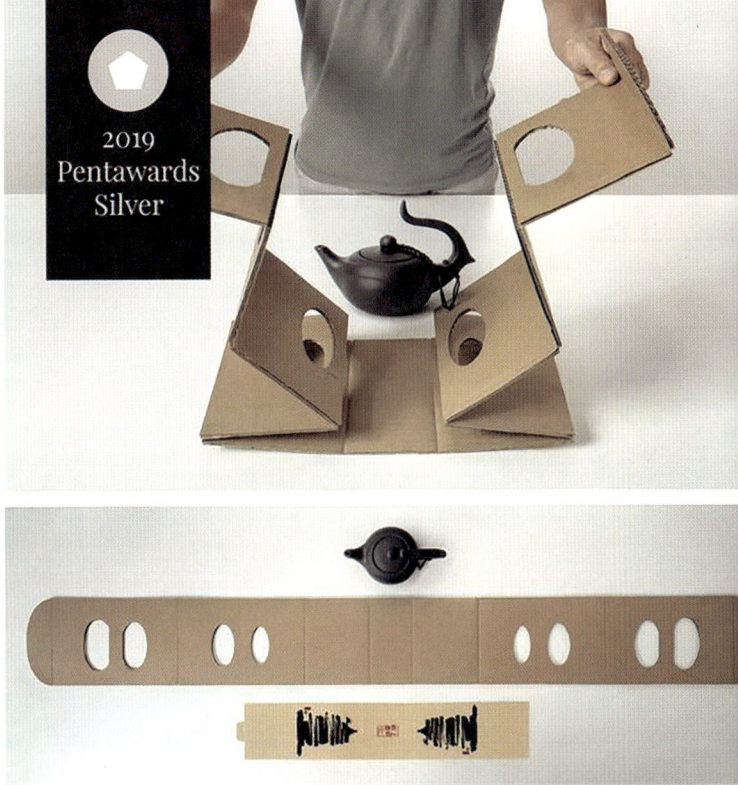

二、追求审美的外观形态

从推动产品销售的功能角度出发,要求文旅包装拥有一个赏心悦目的外观形态,与精美的包装视觉表现一起吸引消费者的目光,获得消费者的青睐,从而实现产品推销的目的。早在1988年4月,英国诺丁汉特伦特大学教授迈克·费瑟斯通在新奥尔良"大众文化协会大会"上做了题为《日常生活审美化》的演讲,描述了日常生活审美化正在消弭艺术和生活之间的距离的社会现象,预示了审美将会在人类生活中扮演越来越重要的角色,实用与审美的结合是所有设计领域中越来越重要的标准与原则。因此,追求审美的外观形态成为文旅包装结构造型设计愈发重要的要求和标准。首先,文旅包装的外观形态要能够与产品相互呼应,起到良好的展示与衬托作用,突出产品的特色,提升产品的档次。其次,关注受众的审美情趣,从产品与文化中寻找结构造型设计的灵感,赋予文旅包装独特的艺术情趣,才能适应受众随时代发展而不断变化的审美感知。(图3-4)

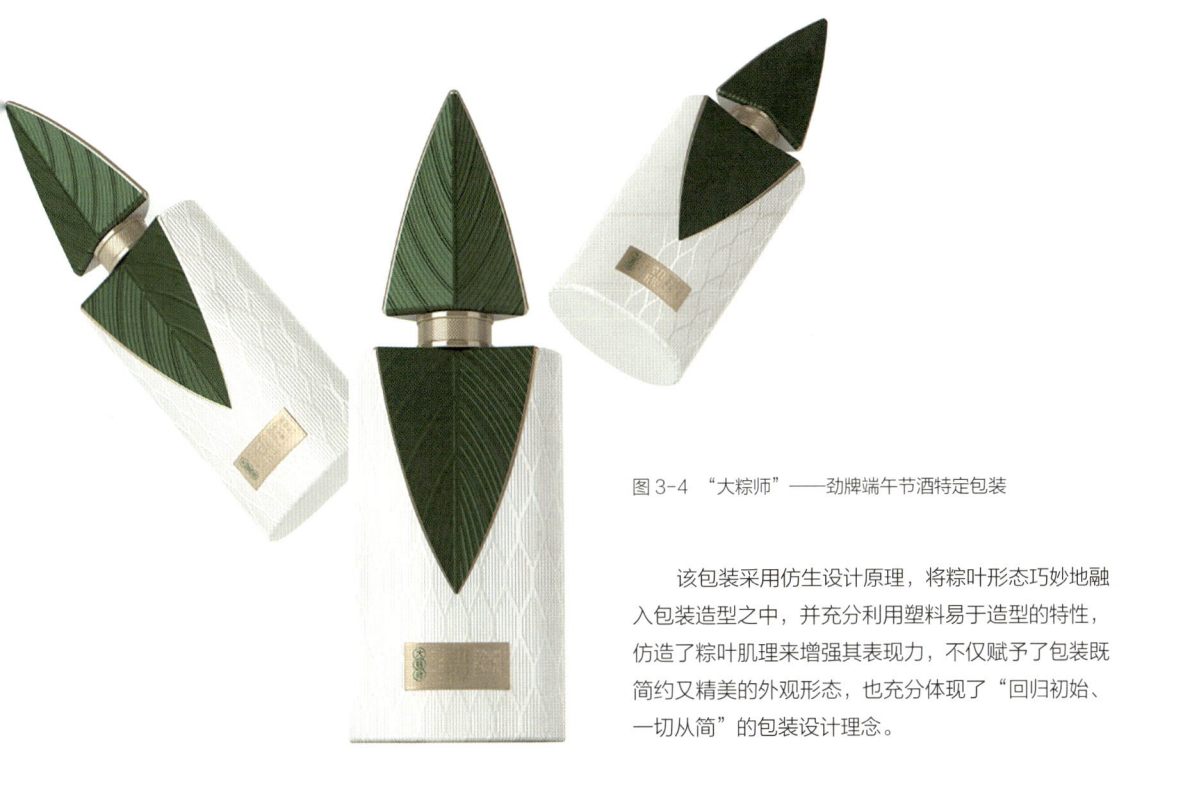

图 3-4 "大粽师"——劲牌端午节酒特定包装

该包装采用仿生设计原理,将粽叶形态巧妙地融入包装造型之中,并充分利用塑料易于造型的特性,仿造了粽叶肌理来增强其表现力,不仅赋予了包装既简约又精美的外观形态,也充分体现了"回归初始、一切从简"的包装设计理念。

三、创造互动的开启方式

从消费者的角度而言,有一刻的惊喜是来自文旅包装的开启过程,这是一个充满期待的过程,一个能收获惊喜的过程。因此,创造互动的开启方式是文旅包装结构造型设计的又一个重要内容,能够赋予文旅包装别样的情趣。文旅包装的开启过程,也是文旅包装与使用者互动的过程,这个过程应当简单有趣又能引人深思,一步一步引导消费者在思考与想象中完成全部过程,获得最终完整的产品展示效果。因此,文旅包装开启方式的设计,要把握新颖、别致、创意的设计原则,在不破坏包装形体完整性的基础上,依托产品形态与展示设计,充分利用包装结构的巧妙性与各部分之间的组合关系来考虑包装的开启方式,同时强调消费者的行为参与,以及材料的辅助作用,以极富创造力的开启方式彰显文旅包装作为一个独立而开放的艺术个体,增加产品与受众的互动性。(图 3-5)

LIMITED EDITION
187
1000
MĀNUKA
HONEY
1700±
Rare Harvest
Rare Harvest
MĀNUKA
HONEY
1700±

Rare Harvest
MĀNUKA
HONEY

码 3-2 礼盒包装

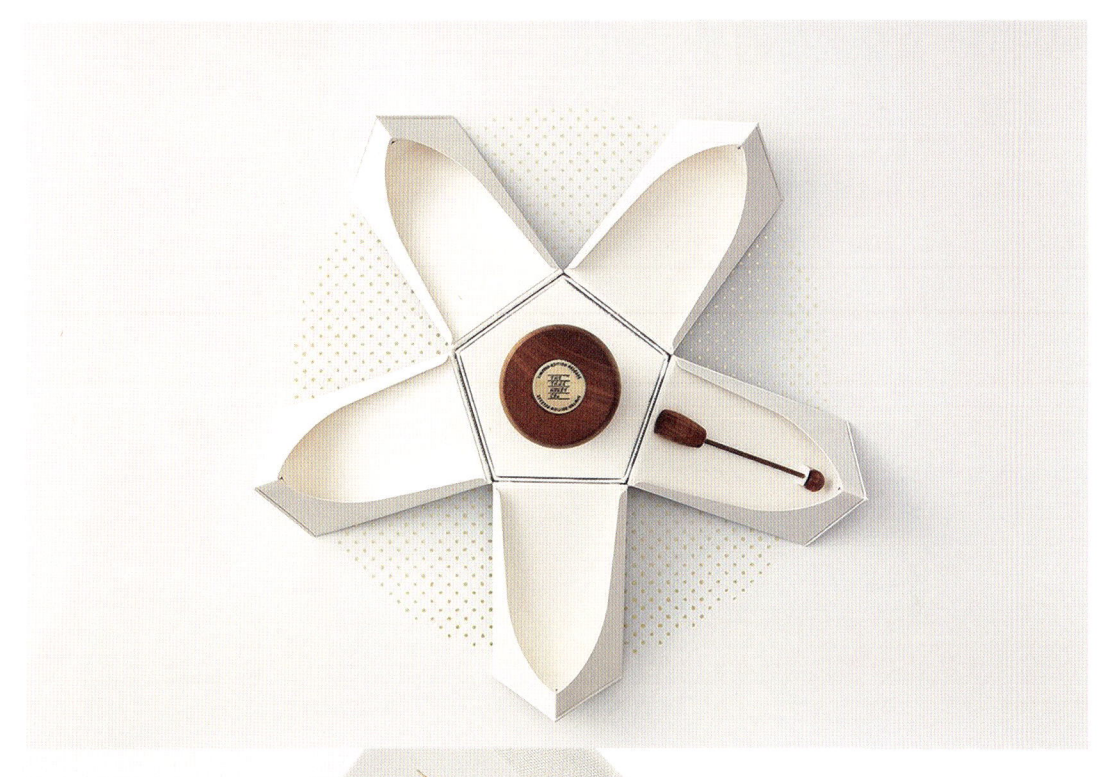

图 3-5 新西兰 Rare Harvest 限量版蜂蜜包装

Rare Harvest 蜂蜜是一种在澳大利亚和新西兰生产的单花蜜，它拥有独特的颜色、质地和高水平的膳食甲氧基醛（一种具有抗菌和抗病毒特性的有机化合物）。其中，MĀNUKA（曼努卡）是 Rare Harvest 品牌出品的一种限量版蜂蜜，该产品获得了前所未有的 1700 MGO（31 UMF）认证，这是 Rare Harvest 品牌有史以来获得的最高殊荣。MĀNUKA 产品包装设计的灵感来自曼努卡红茶树五瓣白花的启发，为简洁的外盒造型设计了一种极富创造力的互动开启方式，造型独特的蜂蜜罐被五片花瓣包围着，使产品与自然之间有了更直观的联系，同时也呈现出更美观的审美意境，令人印象深刻。

第三节　文旅包装的视觉表现

　　文旅包装的视觉表现是指在包装整体创意的引导下,根据结构造型对文旅包装进行合理的空间与版面划分,同时利用色彩、图形、文字等视觉元素对包装进行视觉设计。首先,通过对产品信息进行视觉化设计表述,塑造产品与品牌形象,凸显产品的个性特色以及有别于其他同类产品的差异化特征;其次,于文旅包装本体来说,视觉表现是塑造美观大方的包装形象至关重要的环节,对文旅包装具有重要意义。除此之外,对于系列文旅包装来说,视觉表现能够通过其在色彩、图形、文字等方面的共通性设计,赋予系列文旅包装统一而强烈的整体化视觉形象,加强受众对产品与品牌的深刻印象,能更好地实现文旅包装的功能与价值。

一、整体的创意

　　整体的创意是指在开始视觉表现设计阶段之前,在已经策划好的包装风格的指引下,对文旅包装的视觉表现展开一个全面的创意策划工作。对于整个文旅包装过程来说,这是一个承上启下的环节,既是对前期风格形式定位的具体化表述,也是对视觉设计后期各方面的全局性导引,能够形成关于文旅包装在色彩表达、图形构造、文字编排与空间划分等方面详细而清晰的设计方案表达,使视觉表现环节的工作能够有条不紊地进行。(图3-6)

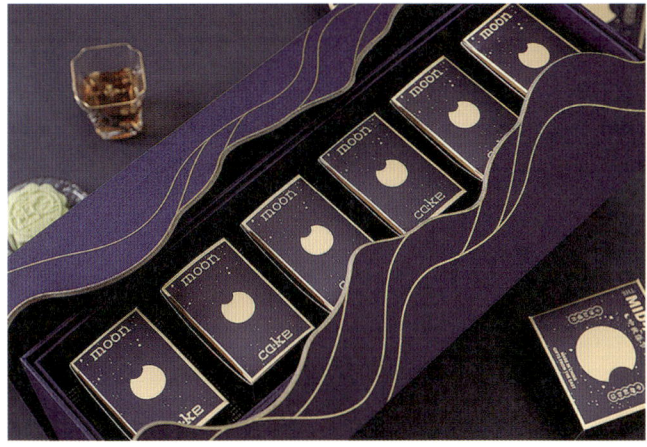

图 3-6 "海上生明月"中秋月饼礼盒包装——上海东方好礼出品

码 3-3 中秋月饼礼盒包装动态演示

　　中国是一个充满诗意的国度，每个中国人自记事起便被大量的诗词歌赋熏陶着。中国人自古便对月亮有着深厚的情感，"望月怀人"常常成为古诗词中的题材。唐代诗人张九龄的《望月怀远》对月的意境表述幽清远淡、深情绵邈。从该诗中得到启发，上海东方好礼倾情打造了这款 2020 年中秋月饼礼盒包装。这款包装打开的过程就好像拨开了一片云雾，让躲在后面的月亮逐渐亮相，随着盒身的逐渐展开，一轮圆月从"海面"冉冉升起，直至月亮完全显露，整个画面生动地诠释了"海上生明月"的浪漫意境。在包装色彩上，设计师选用了深邃的夜空蓝、闪耀的星河金和皎洁的月牙白三款色彩，赋予礼盒简洁且诗意的整体视觉效果，仿佛从繁华回归了静谧；在包装的图形设计方面，意象化的山脉图形似山、似水，亦似云，彼此嵌合，重峦叠嶂间，一条金色的溪流蜿蜒而过，拨开山脉，圆月自然呈现，匹配专属设计的月饼图形，一切相得益彰，自在怡然。

二、色彩的表达

色彩的表达是指关于文旅包装的整体色调构思与具体色彩表现的包装色彩设计。由于色彩具备感官先导性、心理暗示性与联想象征性等重要特点,不仅能够给人带来鲜明的视觉印象,还能够赋予文旅包装独特的气质氛围,其重要性不言而喻。在不同的文化中,色彩拥有各自不同的象征意义,各民族也因此在长期的生活实践中形成了自身独特的用色习惯,这些都是文旅包装色彩设计的宝贵资源。因此,结合文旅包装的特征和设计原则,文旅包装的色彩表达可以从以下四个方面展开。

1. 产品的本色

很多时候,产品本身的色彩就很美,美在自然、美在纯粹、美在不可复制。因此,利用产品本身的色彩作为文旅包装色彩表达的创意出发点,能够给受众带来一种关于产品更加形象化的心理暗示。更重要的是,在需要特别突出和强调产品品质的文旅包装的设计中,利用产品本色进行创意表现的文旅包装设计更能够打造纯粹、自然且彰显品质的包装风格,凸显产品形象与品牌印象。(图3-7)

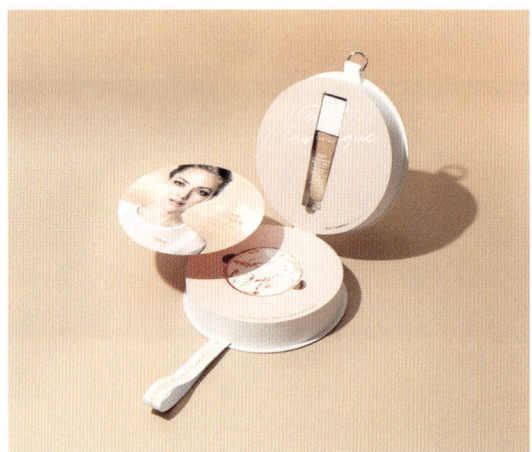

图3-7 兰蔻奇迹薄纱粉底液、大理石水粉霜限量礼盒包装

奇迹薄纱粉底液与大理石水粉霜是兰蔻品牌推出的一款会呼吸的保湿水润底妆。礼盒的色彩从产品本色中获取设计灵感,外形态面的白色皮纹质感与内结构体的淡粉色纸张质感给人清透无瑕的既视感,简约而优雅,既能突出展示容器包装,也展现了产品能够打造无瑕、水润、透亮肌肤的功能特点。

图 3-8 泰国 Thung Kula Ronghai 大米包装

Thung Kula Ronghai 是泰国著名的稻米产区，因生产优质的稻米享誉世界。在受控的环境中，每年的大米产量非常有限，因此，这种有机大米品质优越且不含化学物质。Prompt Design 采用稻米的糠皮作为包装材料，通过模压而成形。包装色彩源自糠皮本色，与同色系的褐色搭配，充分展示出这款有机大米的天然高品质。

2. 材料的馈赠

每一种包装材料都有其独特的色彩和质感，天然材料清雅淡然的色彩彰显出大自然的生花妙笔，人工材料变幻万千的色彩展现出时代进步与科技发展的前沿力量。因此，充分利用各种包装材料，特别是天然材料自身的色彩效果，遵循色彩表达的适度原则，再配上其他简洁单纯的色彩与材料工艺，能够更好地表达产品天然、生态的高品质特点。（图 3-8）

3. 文化的联想

在各种不同的传统文化、民俗文化中，有很多值得我们借鉴的色彩表现形式，它们的样态多元，除了分布在绘画雕刻、染织服饰、器皿玩具、建筑陈设等各种传统艺术与民间艺术中的具象色彩之外，还包括神话传说、宗教故事、民间趣谈等典籍中描述的各种象征色彩，这些色彩不仅仅是人们对世间万物认识与理解的直观反映，也是各种文化形态中审美意识的间接体现。因此，从文化中借鉴各种优秀的色彩表现，结合文旅包装的诉求进行设计联想，不仅能营造文旅包装独特的风格气韵，还能赋予文旅包装突出文化内涵传达的直观感受。（图 3-9）

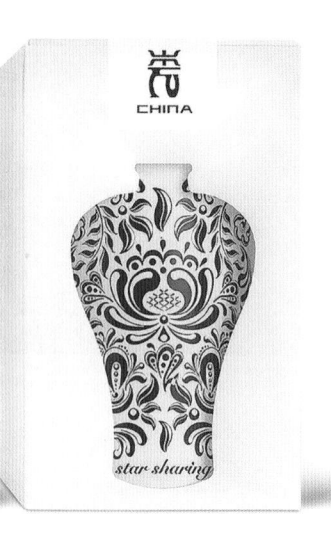

图 3-9 "青花瓷"营养补品系列包装

  江西景德镇青花瓷因其独特的青花纹饰与典雅的色彩搭配成为中国传统名瓷之一。在江西生产的"青花瓷"营养补品系列包装设计的灵感，源自江西景德镇青花瓷的典型视觉特征，蓝白相映的色彩搭配使包装怡然成趣、美观隽永，不仅展现了深厚的传统文化特色，也象征着精致的生活品质，该作品因此获得了 2019 年德国红点设计大奖。

4.地域的诠释

不同的地域环境孕育了各种优美动人的自然色彩，那是对源自良好自然环境的优质产品的美好诠释；同时，不同的地域环境创造了各种极具地方特色与民族风情的人工色彩，那是对精湛而别具特色的民间工艺的完美颂赞。因此，从地域色彩中获取文旅包装色彩表达的灵感，能够突出产品特有的地方特色，强化产品原产地信息的传达，在彰显产品优秀品质的同时促进区域品牌形象传播。（图3-10）

图 3-10 Mirage Arabica 咖啡包装——KarenGevorgyan（亚美尼亚）

Mirage Arabica 咖啡的包装以金色与绿色为主色调，以插画师 Armenak Grigoryan 创作的沙漠风景水彩插画作品环绕罐身，画中的五种色彩代表了包装中所容装的五种不同的咖啡品类，品牌名称字体的设计沿用了古老的阿拉伯字母的造型风格，展现了浓郁的阿拉伯风情。

码 3-4 酒包装

三、图形的构造

图形的构造是指关于文旅包装的主题图形、装饰图形、示意图、功能符号等全部包装图形的设计。由于图形具有无障碍传播的先天优势与丰富多元的表现形式，因而成为文旅包装信息传递、情境营造与个性表达的最重要的视觉语言之一。归结而言，文旅包装图形的构造，要突出别具一格的图形创意所带来的与众不同，要展示简洁精要的图形内容所带来的一语中的，要强调统一整体的图形形式所带来的遐迩一体。因此，结合文旅包装的特征和设计原则，文旅包装的图形构造可以从以下四个方面展开。

1. 提炼文化符号

与色彩一样，在不同的文化类型中，也存在着各种各样拥有不同象征意义和隐喻内涵的文化符号，它们是不同的民族在长期的生产生活中逐渐形成的精神文化所提炼的外化形式，极具典型性和代表性，是文旅包装图形构造的重要灵感源泉。因此，使用文化符号最重要的原则是紧密结合文旅包装的主题诉求，利用现代设计理念进行创造性的提炼与再设计，既保留文化符号的本体含义与象征意义，又能展现包装图形适应新时代与众不同的崭新风貌。（图3-11）

2. 重组地方元素

不同的地域环境拥有各自不同的自然风光与人文印迹，对这些元素进行重组与再创造，将有助于文旅包装，特别是旅游产品包装对地域形象的图式化表达。因此，具有代表意义的山川、河流、湖泊、峡谷、动植物等自然风光，以及具有传承价值的城镇建筑、历史古迹、民间工艺、传说故事、风俗习惯、代表人物、艺术作品等人文印迹，都是文旅包装图形构造的典型元素，不仅能够帮助受众将产品与产地信息快速联系起来，还能加深其对包装文旅内涵的认知与理解。（图3-12）

十二生肖作为历史悠久的中国民俗文化符号，在历代留下了大量描绘生肖形象和象征意义的诗歌、春联、绘画与民间艺术，每一种生肖都有其丰富的传说，成为民俗文化中的形象哲学，如婚配上的属相、庙会祈祷、本命年等。"中国元素"十二生肖系列充电线包装，对十二生肖的头部形象进行创意设计，使消费者可以直观地选择自己属相的生肖产品，生肖文字使用了篆书，蓝银色搭配使用了中国少数民族蜡染面料的色彩，该作品获得了2019年德国红点设计大奖。

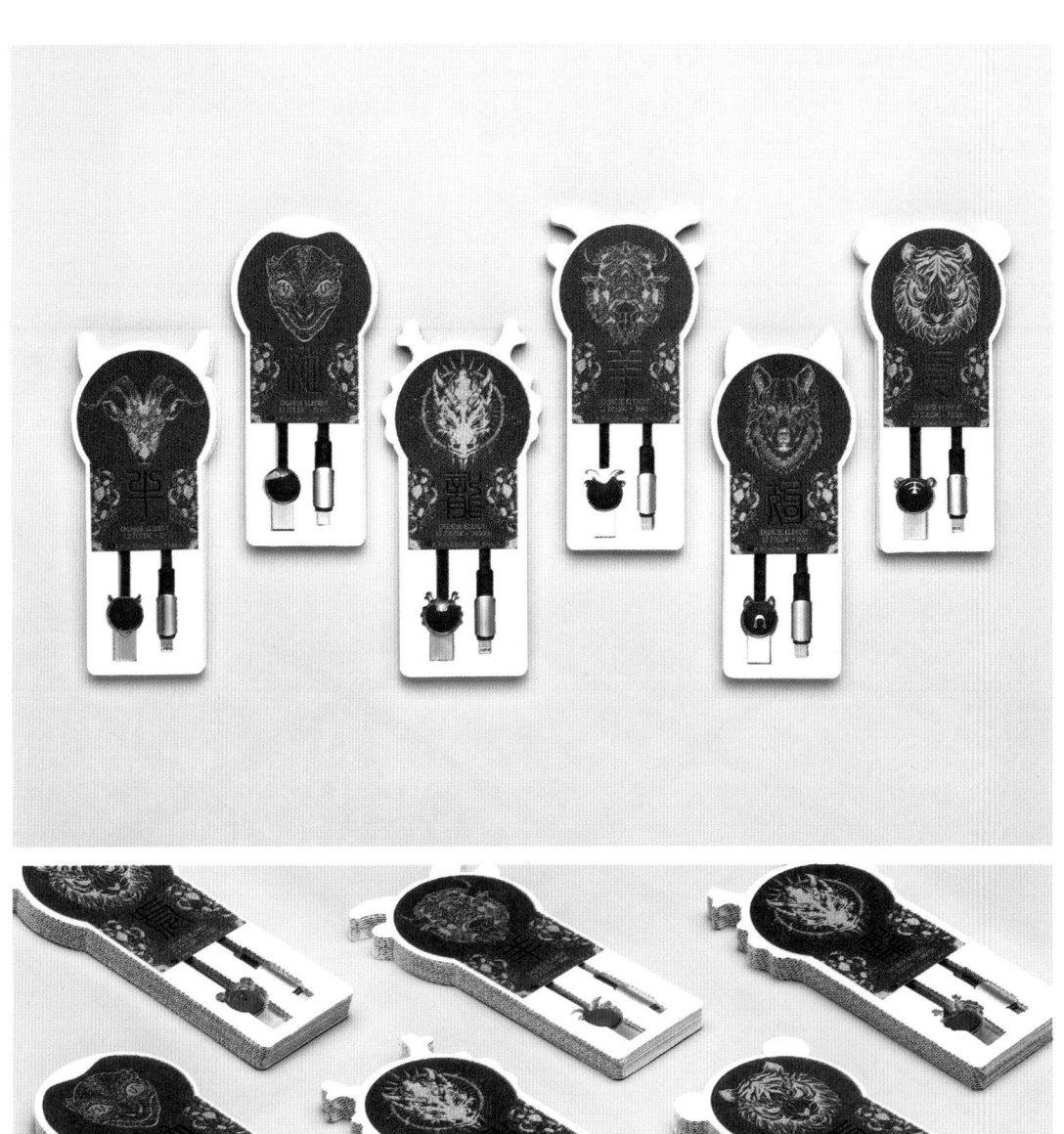

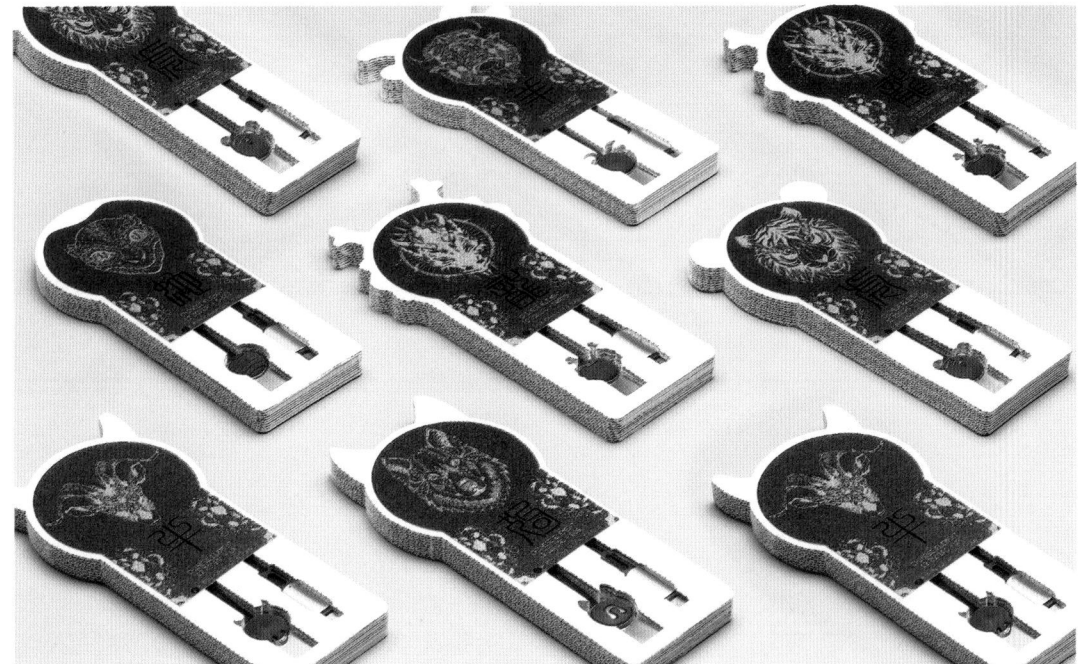

图 3-11 "中国元素"充电线包装

图 3-12 南湾湖翘嘴鱼伴手礼包装——重庆观行设计

　　南湾湖位于河南省信阳市西南 5 千米处，南湾湖环湖皆山林与岛屿，湖光潋滟，山色葱翠，山、水、林、岛的完美组合是南湾湖最显著的特点。本设计提取南湾湖的猴岛、茶岛、鸟岛、花鲢岛的特色元素并加以设计重组作为该包装的主题图形，以此体现南湾湖的地方特色。同时，立体化的处理使包装更具视觉张力，也更能迎合现代消费者的审美。

3. 呈现生产制作

  一个独特而繁复的产品生产过程与精湛而高超的制作工艺是神秘且充满魅力的，它不仅是文旅产品优秀品质的保障基础，也是充满地域特色的产品的形象名片。因此，通过艺术化的手法对文旅产品的生产场景与制作过程进行创造性呈现是文旅包装图形构造的重要手法之一，能够使受众更加形象化地了解产品的生产过程与制作工艺，加深对产品的认识，增加对产品与品牌的好感与信任。（图3-13）

图 3-13 六燕亭即食燕窝礼品包装——四喜品牌包装设计

  六燕亭——天然食品的倡导者。六燕亭严选马来西亚砂拉越州自有燕屋的头等官燕，由世界食品安全第一国新加坡燕窝工厂加工制造，一站式流程保证了产品质量。包装插画通过绘制六燕亭燕窝一站式养殖、采集、生产、运输、销售的全过程，凸显了六燕亭即食燕窝的可靠品质，也展现了马来西亚和新加坡的地域特色。

4. 创意产品相关

优质的产品一定是内外兼修的，美观的形态、悦目的色彩是产品优秀品质的外在表现，因此将良好的产品外形作为文旅包装的图形，不仅易于辨识，对旅游特色产品来说，还能够彰显其质朴单纯的风格气质。产品的成分源头或原材料组成、营养分布等产品相关内容都可以作为文旅包装图形构造的原始素材，通过对其进行个性化的创意设计表现，不仅能够形象化地传递产品信息，还能够给受众带来一段关于产品的美好旅程。（图 3-14）

图 3-14 西班牙瓶装水品牌 CABREiROÁ 110 周年限量版包装

2019 年，西班牙设计师 Carlos Arrojo 为水品牌 CABREiROÁ 110 周年设计了 4 款纪念版包装，4 款极富创意的包装主题图形分别为雨水、岩石、植被与天空，展示了与该品牌水的起源的相关内容。

码 3-5 羊羔肉礼盒包装

四、文字的编排

文字的编排是指对文旅包装中以产品名称为核心的主题字体设计与资料文字、说明文字等全部文字内容的编排设计。文字是文旅包装重要的信息内容，起着营造包装审美意趣与气质氛围的重要作用。因此，文旅包装主题字体的设计，要突出醒目生动的视觉特点，遵循与整体风格相适应的设计原则；其他文字内容的编排设计，则是要兼顾实用与美观两个原则，既要能够准确传递信息，又要能够给受众营造愉悦舒适的阅读感受。归结而言，文旅包装的文字编排主要包括以下两个方面的内容。

1. 契合整体风格的字体设计

文旅包装的字体设计是指以产品名称文字为核心的字体的设计与文字组合的编排。产品名称字体是文旅包装字体设计的核心，必须要契合既定的包装整体风格，一方面要突出产品名称字体的识别性，另一方面要强调与图形等其他设计元素和谐搭配。因此，文旅包装产品名称及相关文字的字体设计首先要根据包装的整体风格确定字体的风格形式。如气韵生动的书法字体，个性使然的手写字体，精约雅致的古典字体，简洁时尚的现代字体，异域情调的民族字体，可爱生动的卡通字体等，均是契合包装整体风格的文旅包装字体设计的风格形式。文旅包装产品名称及相关文字要从外观形态、比例结构、笔画组成、装饰造型、色彩表现等方面进行设计，然后进行字体组内部各单体文字的组合编排设计，形成主次有序、层次清晰的文字组合，以强化信息传达的准确性与设计表达的审美感。

2. 兼具实用美观的文本编排

文旅包装的文本编排主要是指对产品名称等核心字体以外的资料文字、说明文字等文本文字的编排设计。文旅包装的资料文字、说明文字有传递包装必要信息内容的重要功能，因此其编排设计首先要遵循实用性原则，对资料文字与说明文字进行类别辨识、层级划分与位置设定，使这些文本具备较高的辨识度、可视性与易读化，以满足信息传达的需求。此外，除了实用性原则外，文旅包装文本的编排设计还需要满足视觉美观的要求，这是给受众创造愉悦舒适的阅读感受的基本条件。同时，编排精致的文本能够提升包装的整体形式美感，因此，文本的编排设计要从字形与字号大小选择、距离与对齐设置、位置与序列编排、装饰与符号设计等方面深入推敲、严谨考究，打造既能满足兼具实用性与美观性的设计需求，又能符合文旅包装设计的各项要求的文本编排。（图3-15）

梓選好貨
Zishan Eco Resort　ZIXUAN　梓山漫居
Quality Produce　HAOHUO　伴|手|禮

從喧囂中收心 在山水間用心

產地：張家界
Origin: Zhangjiajie

產地
Place of Origin

張家界

武陵源區

居處林泉憩
漫游无遠近
山清鳥自啼
梓澤花香溢

梓山漫居坐落于張家界 武陵源區，梓木崗林場
源峰山主景區有 由龍字森林包圍，瓦上炊煙
在這里覓到了久違 的桂花甜香。一切令自然，取之自然，
時間沉淀浮躁心靈，大隱隱於野的主仕式原始 自由的生活。

Beautiful natural ecology,
rich cultural atmosphere and unique decoration style.

飲茶秘訣
The Secret of Drinking Tea

熱水將茶杯預熱
Hot water preheat the cup

水溫
Water temperature

75—85℃

時間
Brewing time

50—60s

投茶順序與季節有关。
夏天應該先倒水，再放茶叶。
冬季則先放茶叶，再倒水。
春秋兩季則宜先倒半杯水再放茶叶，
再倒滿水。

一般茶叶的沖泡次數不宜超過3次

ZISHAN ECO RESORT

084　第三章 | 設計"文旅"

图 3-15 梓山漫居伴手礼茶包装——禾作文化

禾作文化与梓山漫居合作，推出当地特色茶叶产品作为酒店伴手礼——梓选好货。包装主张"从喧嚣中收心，在山水间用心"的设计理念，旨在给消费者营造"慢下来，去生活"的优雅氛围。包装产品名称字体采用了气韵生动的书法字体，主展示面的文字编排采用适应竖版的居中对齐排列，保证了整体中式风格的完整性；信息面文字的编排则采用了传统的竖式排列，不同类别的信息予以层次分级，既实用又美观。

五、空间的划分

空间的划分是指关于文旅包装外部形态面的层次和版面、内部结构体的区域与装饰两方面的设计。首先，对文旅包装外部形态面进行合理的层次区分与版面设计是有条不紊地安排信息内容与布局设计元素的基础，也是营造实用美观的文旅包装外观的根本。其次，文旅包装的内部结构体的主要作用是容装和陈列产品，因此，进行合理的区域划分是内部结构体装饰设计的基础，悦目精致的内部结构是文旅包装产品展示的优质平台。归结而言，文旅包装的空间划分主要包括以下两个方面的内容。

1. 外形态面的层次与版面

文旅包装外形态面的层次与版面是指对文旅包装外观形态的全部组成面的层次区分与版面设计。外形态面不仅组成了整个包装外观，同时也是包装信息内容承载与传播的平台，其重要性不言而喻。首先，由于包装结构与造型的不同，外形态面的数量与形状是不一样的，因此，需要结合文旅包装陈列展示的需求进行外形态面的层次划分，来确定包装的主要展示面、次要展示面与非展示面的层次关系，以便于之后各类信息内容的合理放置与编排。其次，结合前期的风格设定，根据已有的层次划分，对各个外形态面进行版面设计，这时要兼顾整体统一与个别突出相结合的原则，以主展示面的版面设计为核心并有序延展到其他形态面，在有限的版面空间内通过对色彩、图形与文字的全方位整合设计，既能让信息内容得到清楚的展示和有效的传播，又能满足文旅包装在审美表现方面的需求。

2. 内结构体的区域与装饰

文旅包装内结构体的区域与装饰是指文旅包装内部结构的全部构成体的区域划定与装饰设计。内结构体不仅有保护和陈列产品的作用，也是大部分纸质包装能够成形的结构支架。首先，根据内结构体的位置不同，可以将产品分为接触产品部分和非接触产品部分、可见部分与不可见部分。其中，既接触产品又可见的结构体部分是内结构体设计的重点，需要满足保护产品和展示产品的双重功能，因此材料选择和装饰设计可同步进行。其次，内结构体装饰设计的第一要素是色彩设计，需结合包装的整体色彩、产品色彩以及材料色彩进行整体考虑。在此基础上，还可以利用图形对内结构体进行装饰设计，但要充分把握其"绿叶精神"的设计原则，让内结构体起到突出和美化产品的作用。（图3-16）

图 3-16 小龙坎火锅礼盒包装——智圆行方

　　小龙坎老火锅是成都小龙坎餐饮管理有限公司旗下餐饮品牌。为了展示小龙坎老火锅植根川渝的地域文化特色，智圆行方团队设计了红色、绿色两款八边形礼盒，礼盒外形态面将四川的熊猫、小龙坎的门楼、店内的龙头、辣椒、笼子等装饰物，以别具川渝地方特色的插画风格进行表现，将川渝火锅文化展现得极富时尚气息；打开礼盒，首先看到的是一层类似窗棂纹样的镂空装饰，然后以包装主体色填满所有内结构体，衬托其余包装的满版图形设计，内外呼应，强化了礼盒的整体效果，凸显了小龙坎火锅的品牌特色。

码 3-6 燕窝礼盒包装

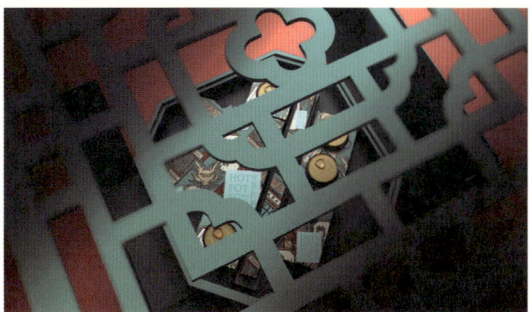

087

第四节　文旅包装的材料应用

　　文旅包装的材料应用是指对文旅包装所使用的全部材料的设计应用。文旅包装的设计离不开材料的选择应用环节，如草木的自然本色，木材的朴质稳重，陶瓷的古拙风韵，纸张的柔韧多姿，织物的细软随和，金属的光洁硬朗，玻璃的晶莹剔透，塑料的幻变万千，等等，不同材料所拥有的不同质地与触感，对于表现产品的品质特征与营造包装的文化气质有着至关重要的作用。因此，文旅包装的材料应用，首先要考虑的是包装材料对于产品的保护性，因此要充分了解不同包装材料的特性及与产品之间在性质上的适合度和兼容性；其次要考虑包装材料与文旅包装的结构造型、视觉设计及印刷制作之间的联系，通过材料的使用来强化文旅包装的设计表现，彰显包装材料对于包装设计的功用价值。

一、天然材料的质朴气质

　　天然的包装材料主要是指取自大自然，未经人工处理或工业加工，仅通过简单的形态塑造就可直接用于包装的材料，主要包括叶茎、藤条、果壳、竹木等材料。其中，用竹木加工制造而成的包装材料是我国古代天然包装材料的典型代表，竹筒、竹筐、竹篓等类型多样的竹制包装，样式独特、装饰精美的各种木质包装，这些形式与功能完美结合的天然包装材料是古代劳动人民智慧的集中体现。同时，天然的包装材料，能够快速降解，契合于文旅包装设计的绿色设计理念。因此，天然材料的应用要尽量就地取材，特别是对旅游特色产品包装材料的应用，更是要尽量发挥天然材料的自然属性，充分利用现代加工工艺提升天然材料的包装功用，使天然材料在保持原生态外观的基础上，突出其质朴纯粹的风格气质，提升产品的辨识度，彰显产品与品牌的地域文化特色。（图 3-17）

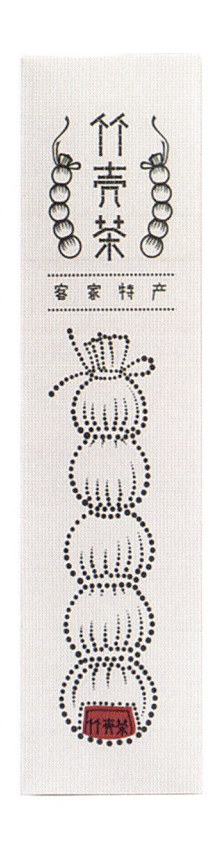

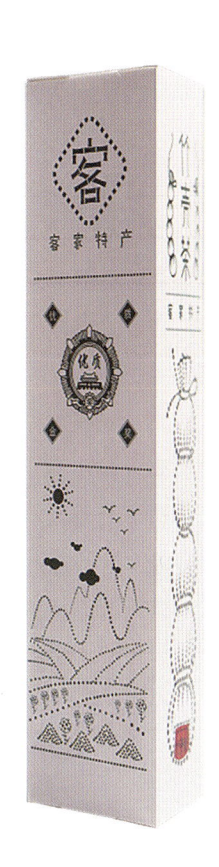

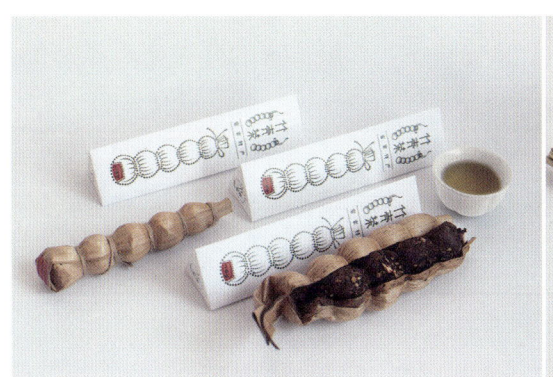

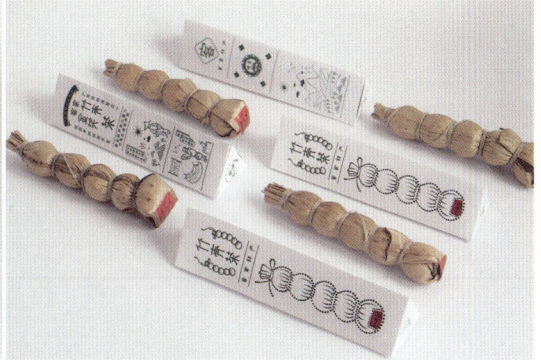

图 3-17 广东客家竹壳茶特产包装

　　竹壳茶是广东客家人的特色凉茶，拥有四百多年的历史。竹壳茶是由山林中采集的 10 多种珍稀草药精制而成，具有清热解暑、消炎去滞、利尿除湿等保健功能。竹壳茶的包装使用本地盛产的竹叶，用竹叶包裹和草绳捆扎的方式，将一个个茶球包裹串联起来，因其形似葫芦又称葫芦茶，展现出浓郁的广东客家的地方特色。同时，竹叶包装既环保又能长久保持茶的香味，捆扎的方式也使包装具备了极为便捷的使用功能。

二、人工材料的多元风貌

　　人工包装材料是指从自然界获取原材料,通过不同的人工技术生产制造而成的各种包装材料的总称。从历史发展的进程来看,纸张、陶瓷、布帛等材料是较早作为包装材料的人工材料,随着时代的发展与技术的进步,玻璃、金属、塑料等材料逐渐开始作为包装材料被大量使用,以满足越来越多商品的包装需求。20世纪后期,各种各样的复合材料被研发出来,满足了现代包装设计的需求,这是现代包装材料发展应用的必然趋势,也是现代包装设计的重要特点。由于人工材料种类繁多、形态多元,能够适应各类产品的包装需求,逐渐成为文旅包装的主要材料之一。归结而言,文旅包装人工材料的选择首先要满足产品容装、保护、储运等基本需求,同时要迎合绿色包装设计的发展趋势,尽量选择绿色环保的人工材料,降低对自然环境的污染;其次要充分利用人工材料易于造型的特性以及与印刷良好的兼容性来进行文旅包装的结构造型与视觉表现,突出材料的设计力量,展示不同形态与质感的人工材料赋予文旅包装的多元风貌。(图3-18)

图3-18 日本资生堂 Valentine Collection 2018 限定系列巧克力礼盒包装

2018 年，资生堂旗下 Shiseido Parlour 在情人节推出 Valentine Collection 2018 限定系列巧克力礼盒包装，以光彩四溢的银座街道为主题，既包含了给男朋友的"真命巧克力"，也包含了给朋友的"友情巧克力"，以及给爸爸或上司的精美小甜点。整套包装采用各种纸张与塑料的结合，不仅能够很好地保护娇贵的巧克力产品，丰富的色彩与图案也被展现得淋漓尽致，很好地诠释了包装主题。

三、辅助材料的锦上添花

　　文旅包装的辅助材料是指主要用于满足文旅包装的美化与装饰功能，无须承担容装与保护产品功能的非包装主体材料之外的其他全部材料类型。文旅包装的辅助材料不局限于包装材料的类别，只要是能满足文旅包装美化与装饰功能的各种材料都可以作为辅助材料使用，是文旅包装的材料组成之一。辅助材料的装饰与美化功能决定了其与包装主体材料之间是局部与整体的关系，因此要遵循局部变化与整体统一的原则，强调文旅包装整体视觉效果的完整统一与局部材料装饰画龙点睛的作用。此外，因为辅助材料不是文旅包装的必要材料，因此它的使用要做到适可而止、见好就收，竭力成为那一朵绚烂的锦上花，以提升文旅包装的视觉审美功能。（图3-19）

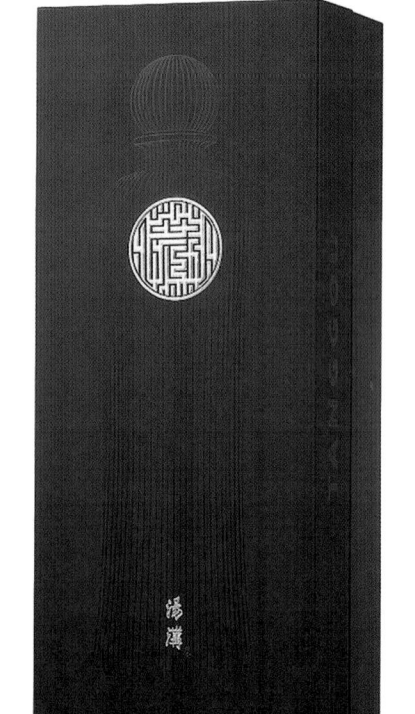

图 3-19　汤沟·流苏酒包装——深圳柏星龙 BA 工作室

　　流苏又称穗子，一种悬挂下垂、以五彩羽毛或丝绒材料等扎制而成的禾穗状的饰物。美人头戴流苏，娉婷走来，随人而动的摇曳是何等的曼妙优美。汤沟·流苏酒的包装正是源于这款别具特色的中国传统饰品——流苏。柏星龙 BA 工作室设计师巧妙地将中国传统流苏和酒瓶造型相融合，把流苏飘逸流畅的线条感运用到酒瓶的造型设计上，再加上瓶颈上悬垂的黑红色流苏，使包装时刻散发出一种优雅、飘逸的东方韵味。

码 3-7 茶叶和粽子礼盒包装

课后实训与练习

文旅包装的创意设计：

根据前期策划的文旅包装设计方案进行文旅包装的设计与制作，要求组合（礼盒）包装不少于 3 个（不同外观造型或材料，至少包括 1 款不可折叠纸盒），单体（礼盒）包装不少于 5 个（不同外观造型或材料，至少包括 1 款不可折叠纸盒），手提袋及其他辅助用品（礼品卡、心意卡、宣传品等）若干，其种类与数量须满足前期策划的需求。

提示与建议：这是一次文旅包装设计的实战练习，因此要注重设计的真实性与实用性，而不仅仅从个人爱好出发。在设计的过程中，要以前期的设计定位为基础，在设计过程中既要有天马行空的大胆想象，又要有严谨周密的反复尝试。

第四章
寻根"文旅"

094

学习目标

通过本章的学习，让学生了解文旅包装与各种文化的关系，深入理解文旅包装设计所承载的精神文化内涵，以提升学生的审美能力与文化素养，为进一步研究文旅包装提供了全新的途径与方法。

文化是一种社会现象，也是一种历史现象，是人类作为智慧族群所创造的全部精神的既有与创造、传承与发展的总和，是人类在对客观世界的认识与改造过程中逐渐形成的一种可延续的意识形态，涉及人类社会发展进程中的生活方式、风土人情、价值观念、行为规范、宗教信仰、艺术审美、科学技术等方方面面。文旅包装是新经济时代的包装设计发展的产物，其能在极短的时间内赢得受众的喜爱并被市场所接纳，除了具有独特个性与审美气质以外，其蕴含与传达的文化内涵也是文旅包装具有核心竞争力的原因之一。文旅包装与文化之间的紧密联系已然明确，文旅包装植根于文化，并在文化的浸润与滋养中不断成熟，愈发美好。因此，从各种文化中寻根溯源，探寻文旅包装的生发基因与精神源头，是我们更好地从事文旅包装设计的基础，也是深入研究文旅包装的重要途径。

在本书的第一章，已经对文旅包装做了一个全面的介绍，为学生建立起一个相对完整的关于文旅包装的印象，而本章的内容则是对第一章内容的延展，目的在于让学生了解文旅包装与不同文化的关系，在理论上形成首尾呼应。同时，本章的内容也是在第二章、第三章文旅包装设计理论的基础上展开的，是补充亦是拓展，展示了文旅包装设计与各种文化的渊源。

第一节 归属的诠释——文旅包装与地域文化

地域文化是指在特定的地理区域内所形成的独具特色、源远流长的文化系统。地域文化强调地域环境对文化的影响，是特定的地域环境与人类文化交融共生的产物，主要表现在该地域特有生态环境、资源物产、建筑景观、饮食习俗、语言文字、信仰宗教等方面。地域文化中的"地域"，是指文化形成的地理背景，因此其范围可大可小，在世界范围内，可以以国家为单位进行划分，但由于地域文化强调地域环境对文化形成的作用，这样的划分会显得相对笼统且缺乏典型性，因此，以地区省市为单位的地理区域所产生的地域文化更加具有典型的特色与个性。正所谓"一方水土养育一方文化"，在古老广阔的中华大地上，不同的地理环境孕育了各具特色的地域文化，筚路蓝缕、兼容众善的河南中原文化，古朴敦厚、磅礴高亢的陕西三秦文化，黜华务实、影响深远的山西三晋文化，博采众长、自强不息的湖南湖湘文化，源起农耕、辉煌神秘的四川蜀文化，尚武重农、剽悍淳朴的重庆巴渝文化，脱胎吴越、文艺双修的江西赣文化，以及被列为国学地方学科的著名的三大地域文化——博大精深的敦煌文化、神秘莫测的藏文化与广博杰出的徽州文化等，诸如此类，展示了地域环境对于文化形成与发展的重要作用。

归属的诠释是指文旅包装的设计要充分展现产品的属地化特征，通过对产品产地的特色表达，一方面展示产品的品质，提升产品的档次，促进产品的销售，间接推动旅游经济的发展；另一方面加快品牌与区域形象的建立，加强地域文化的传播与交流。因此，从不同的地域文化中挖掘采集可用于文旅包装设计的资源，首先要对该地域文化有一个全局性的了解，然后通过实地考察，"走"进文化中去，对该地域文化有特色的方面进行全面的收集整理，然后根据产品特色和文旅包装设计的主要诉求点对收集到的资源进行分析提取，发掘其中最有价值的可用性资源用于文旅包装的设计。可以是对极具象征性的文化符号的提炼与表现，也可以是对具有传承价值的建筑古迹的创意描绘，还可以是对饮食习俗相关场景的真实再现、对方言文字的造型编排、对生态环境的意境渲染等，这些均是营造地域文化归属性的相关元素。（图4-1）

码4-1 薏见酒包装

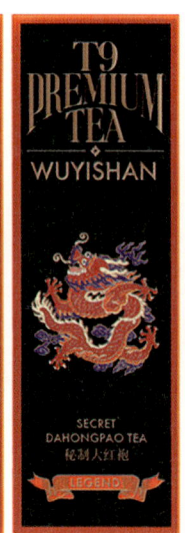

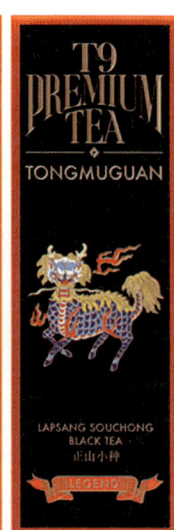

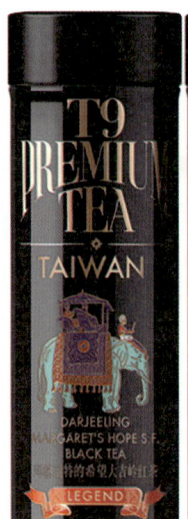

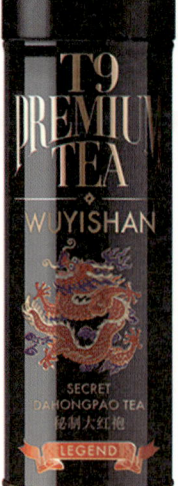

图 4-1 T9 Legend Collection(传奇精选系列)茶叶包装——贤草品牌顾问

东方茶非常讲究原产地，而每一个原产地都有自己独特的文化与图腾符号。T9 Legend Collection 系列主打产地茶，通过对每一款茶叶原产地的历史文化图腾的发现与提炼，讲述每一款茶背后的故事。简约而典雅的古典风格衬托出精美的图腾形象，烘托包装与品牌的文化气质，进一步彰显传奇精选系列的产品定位。该作品获得了德国红点设计大奖、德国国家设计大奖与意大利A'Design Award 银奖等。

第二节 本源的回归——文旅包装与民俗文化

民俗文化是民众生活风俗文化的简称，是指由普通民众所创造、享有并传承的生活风俗传统。因此，民俗文化既是一种社会意识形态，也是一种历史文化遗产，主要涉及各种民间艺术、民俗服饰、传统工艺、岁时节日、游艺娱乐、婚嫁丧葬、祭祀庆典等与普通民众生活息息相关的各个方面，它既包括剪纸、皮影、年画、花灯、面塑、玩具、风筝等比比皆是、层出不穷的民间艺术与设计，也包括婚庆、丧葬、祭祀等繁礼多仪、庄严隆重的礼仪活动，还包括鼓乐齐鸣、热闹纷呈的庙会游艺等集体娱乐活动，以及张灯结彩、岁岁传承的春节、中秋节等传统节日习俗等。归结而言，民俗文化不仅是广大民众生活长期而相对集中的反映，也是各民族生存与延续不可或缺的精神食粮。此外，民俗文化具有集体的模式性、时间的传承性与行为的群体性等特征，因此民俗文化的形成与地域、民族有着非常紧密的联系。关于民俗文化研究的学科民俗学诞生于19世纪早期的欧洲，民俗学对民俗文化所涉及的方方面面进行深入研究，进而来阐明这些民俗文化现象在时间与空间中流变的意义和价值，因此从学术角度来看，民俗学是一门兼具人文科学与社会科学性质的交叉学科，具有非常广阔的学科发展前景。

本源的回归是指文旅包装的设计要从民俗文化中充分吸取创意的灵感，丰富表现的语言，让文旅包装能够真正回归本源，更加贴近受众群体，赢得受众的共鸣和喜爱，在推动产品销量的同时促进地方民俗文化的传承。从文旅包装的类别来看，无论是彰显地区旅游特色的旅游产品包装与力求展现自身文化魅力的文创产品包装，还是强调价值体现的纪念品与工艺品包装和渲染节日氛围的节日礼品包装等，都可以从丰富多样、琳琅满目的民俗文化中寻找到本源的表达，突出文旅包装根植文化的本质特征。但需要注意的是，由于民俗文化所包含的内容较多，涉及的类别较广，因此在设计应用时要从集体的模式性、时间的传承性与行为的群体性这三个民俗文化的特征以及民俗学研究的相关成果等方面来进行鉴识，明确其是否属于民俗文化范畴。归结而言，民俗文化在文旅包装中的设计应用可以是从剪纸、年画等民间平面设计中提炼的图形与纹样，也可以是从花灯、面塑等民间形态设计中发掘的造型与色彩，还可以是对礼仪活动、娱乐活动、节日传统等民俗行为的各种创造性的设计表达等，需要利用文旅包装设计的理论进行设计创新，使民俗文化元素的应用能够满足当代受众的心理需求与审美品位。（图4-2）

码4-2 来伊份坚果2018新年礼盒包装

图 4-2 2020 新年伴手礼包装（鼠年礼盒）——张岐珊文创

　　从民俗文化中寻找创意的灵感，将精心打造的富有吉祥寓意的四款手作糕点（事事如意、大吉大利、节节高升、金玉满堂）与新年礼盒进行一体化设计，同时以五彩斑斓的金钱鼠折纸和镌刻风格的财神元素突出鼠年伴手礼的新年祝福主题"招财——玩味识物、食运连连"，再配以红包、对联和折纸（金钱鼠）等延伸设计形成更加完整的新春伴手礼形象，既表达了送礼者浓浓的祝福和心意，也展示了张岐珊文创品牌前沿的设计意识和创意理念。

第三节 情感的表达——文旅包装与礼仪文化

礼仪文化作为传统文化的一个重要组成部分，对历史发展与社会进步产生了重要的作用和深远的影响，也是现代礼仪形成的基础。礼仪是人与人之间交流的一种语言和规范，由于国家和地区之间的信仰不同，人们遵守着各自不同的礼仪行为和习惯，也因此形成了全球范围内各具特色的礼仪文化。5000多年悠久的文明史让中国拥有"礼仪之邦、文明古国"的美誉，中国礼仪始于夏商，以周为最，因此中国古代通常推行周代礼乐制度，简称周礼。相传周公制礼作乐，提出了礼制的纲领，后通过孔子和七十子后学，以及孟、荀等人的完善，逐渐形成儒家文化的核心，由儒家学者整理成书的礼学专著《周礼》《仪礼》《礼记》，记录保存了许多周代的礼仪，因而合称"三礼"。"三礼"不仅成为古代文人必读的经典礼学著作，也是中国历朝历代王朝制礼的基础，对中国传统文化乃至东亚文化的形成都有着深远的影响。中国古代有五礼之说，祭祀之事为吉礼，冠婚之事为喜礼，宾客之事为宾礼，军旅之事为军礼，丧葬之事为凶礼。同时，中国传统礼仪文化又可分为政治礼仪与生活礼仪两大类：政治礼仪主要包括祭天、祭地、宗庙之祭、相见礼、军礼等方面；生活礼仪则包含丧礼、五祀、诞生礼、冠礼、高禖之祀、饮食礼仪、馈赠礼仪、傩仪等类型。中国传统礼仪以其平和中正的特征与丰富多元的形式，展示了中华民族谦逊恭顺的处世之道与中国传统文化博大精深的独特魅力。

情感的表达是指要通过设计的力量赋予文旅包装以情感表现与传达的功能。当今社会，人们对文旅包装的需求已经不仅仅局限于满足包装功能与外观审美的层面，而是更加注重文旅包装的情感表达与传递的作用。一方面能够加强产品、产地与消费者之间的精神交流，提升产品销量，另一方面，人们渴望通过文旅包装加强人与人之间的情感交流，特别是对节日礼品包装来说，将赠礼者的深情厚谊变成触手可及的温暖情感是该类型包装设计的核心。馈赠礼仪是礼仪文化中生活礼仪的重要组成部分，古往今来，人们世代相袭，新春佳节登门拜年、探亲访友、赠别饯行，常特意携带礼品致送，以表深情厚谊。馈赠礼仪是当代社会人际交往不可或缺的行为习惯，因此，一件被赋予情感表达的文旅包装，不仅能够增加产品或礼品的内涵与价值，还能充分表达生产者或馈赠者想要传达的情感与品位，起到促进人际间情感交流的作用。（图4-3）

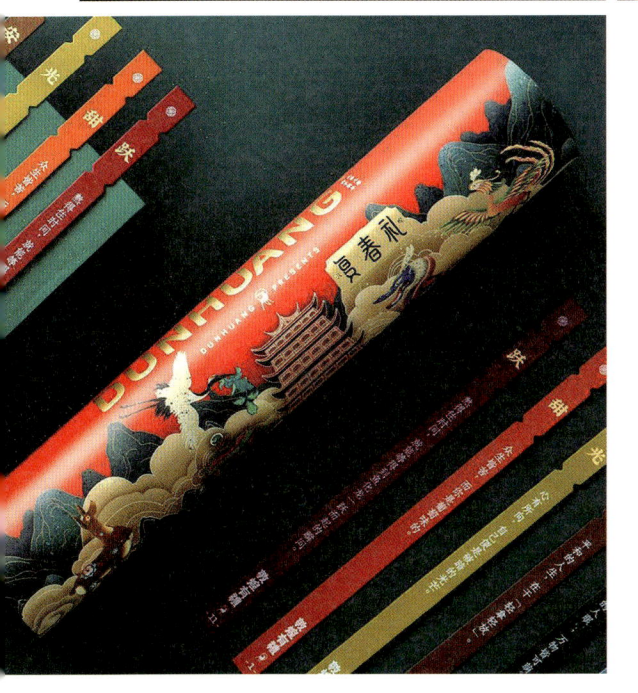

码 4-3 "独奏者"茶叶包装

图 4-3 敦煌研究院"敦煌有礼"2020年复春礼包装

自带光环的九色鹿，守护珍宝的神龙，不鼓自鸣的乐器，疾风奔跑的翼马，端庄秀美的美人菩萨，长巾漫卷的伎乐天……守望千年，今天为你送上来自敦煌的新年问候。"祥瑞欢腾，日子沸腾"，如此这般，便是敦煌的心意了。春去春来春复春，又是一年新春将至，敦煌这厢有礼了！

第四节 特色的发掘——文旅包装与民族文化

民族文化是指某民族在长期的生产生活实践中创造的能够反映本民族特色的物质文化与精神文化的总和，是该民族在历史进程中发展的水平与程度的真实反映。民族文化不仅是维系一个民族延续与发展的精神纽带，也是推动该民族经济发展与社会进步的精神导向，是民族智慧的集中体现。简单来说，民族文化在物质方面主要体现在传统服饰、特色饮食、典型建筑、生活用品、劳动工具等方面，而语言、文字、科学、哲学、文学、艺术、宗教、风俗、节日等则属于民族精神文化的范畴。不同民族的文化所表现的方面和发展的程度是不一样的，因此民族文化是不尽相同、千差万别的，同时，各民族的文化在不同的历史时期与社会形态中也展现出不同的发展态势。中国是一个多民族国家，除了汉族，还有满族、藏族、蒙古族、维吾尔族、回族、壮族、傣族等55个少数民族以及极少数未识别的民族，在经过了漫长的历史发展之后，形成了各具特色的生活习俗和民族文化，成为中华民族传统文化不可分割的重要组成部分。其中，云南省是我国少数民族最多的省份，共有少数民族25个，少数民族人口占全省总人口的三分之一，云南省因此形成了以少数民族文化为底蕴的云南特色旅游产业，有力地推动了地方经济的发展，促进了民族文化的弘扬与传承。

特色的发掘是指从民族文化中发现和挖掘出能够赋予文旅包装特色的各种设计资源，使文旅包装更加具有鲜明的个性特色，在高度同质化的时代能够起到区分产品、树立形象的作用。因此，要从千姿百态、璀璨夺目的各民族文化中发掘可用的设计资源，就要首先寻找到文旅包装的产品与该民族文化的某一方面的内在联系与最能引起共鸣的地方，通过对文字、艺术、风俗、节日等民族精神文化的发现和挖掘，经过分析、思考与整合形成该文旅包装独一无二的特色创意点与精神内涵。其次，通过对民族文化中传统服饰、典型建筑、生活用品等方面的考察分析，借鉴参考其中最具民族特色的纹样装饰、色彩表达、意境构图、材质应用等与现代设计相关的方方面面，内外相融，形成内容与形式高度统一、特色明确、个性鲜明、极具民族文化韵味的文旅包装作品，更好地实现文旅包装的功能，展示文旅包装的价值。（图4-4）

码4-4 新疆驼奶包装

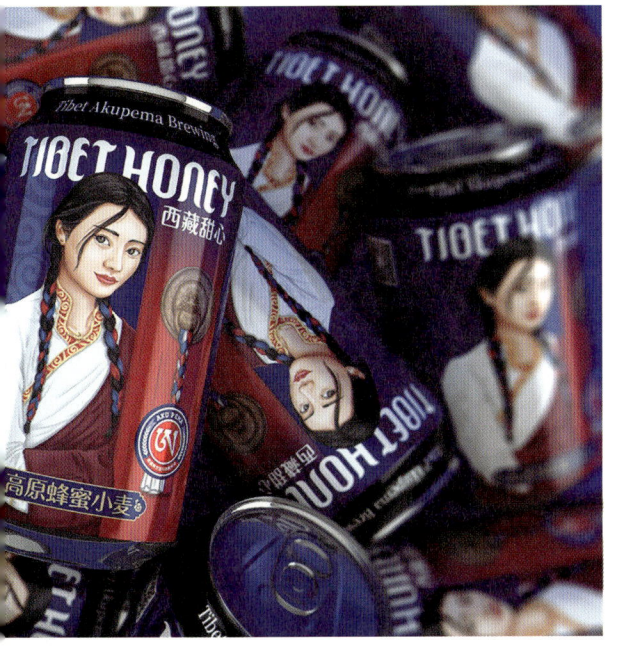

图 4-4 西藏阿克斑玛"西藏甜心"精酿啤酒包装

　　西藏阿克斑玛"西藏甜心"精酿啤酒，是一款比利时风格的小麦精酿白啤，选用西藏高原蜂蜜小麦精酿而成，泡沫细腻洁白。该啤酒加入了大量的高原蜂蜜，加上小麦的爽滑口感，是一款深受消费者喜爱的藏区特色精酿啤酒。其包装以红蓝色为主色调，将"西藏甜心"绘制成一位身穿藏族传统服饰的藏族美少女，生动有趣地诠释了该啤酒的口感与成分。产品名称的字体设计也巧妙地融入了藏文的字形特征，啤酒的时尚现代与藏族风情巧妙结合，打造了一款独一无二的民族特色产品包装。

第五节　定位的明确——文旅包装与社会文化

社会文化是指由广大人民群众创造，与人民群众的生产生活紧密联系，具有地域性和群体性特征的，并能对广大社会群体产生深刻影响的文化现象与文化活动的总称。相比较而言，社会文化与民俗文化都是由广大民众创造，都具有群体性和地域性特征，不同的是民俗文化是反映民众生活习俗的历史文化遗产，而社会文化则是社会的经济形态与政治体制在观念形态层面的反映，主要涉及政治、法律、哲学、宗教、艺术、伦理道德等方面。中国作为当今世界为数不多的社会主义国家，建设有中国特色的社会主义文化是国家一项长期而艰巨的任务，中国特色社会主义文化既源自中华民族悠久的文化历史，又根植于长期的中国特色社会主义实践，反映了中国社会主义经济与政治的基本特征，具有鲜明的时代特点和深远的影响。建设中国特色社会主义文化，于国家来说，能够推动经济发展、完善政治体制、促进社会进步；于民众来说，能够提升他们的思想道德素质和科学文化素质，使之成为适应社会主义建设需求的有理想、有道德、有文化、有纪律的中国公民。因此，中国特色社会主义文化不仅是中国特色社会主义不可或缺的重要组成部分，也是凝聚和激励全国人民的重要力量。

定位的明确是指通过调研分析文旅包装受众群体所处的社会文化，对受众群体以及相关市场环境有一个全面而清楚的了解，以此明确文旅包装的设计定位。归结而言，社会文化的发展程度反映了该社会环境人民群众的生活水平与生存质量，人民群众生活的幸福指数较高，则社会文化呈现出欣欣向荣的态势，反之亦然。社会文化深刻地影响着社会环境中人的思维模式、行为模式和情感模式，也反映出社会的发展水平。因此，作为设计师，应当充分了解不同文旅包装受众所处的社会环境，清楚认识该社会环境中盛行的主流社会文化形式，分析受众群体在除年龄、性别、受教育程度等因素之外的受社会文化影响所形成的价值观念与处世之道，在对受众进行全面且深入的分析认识的基础上，进一步明确文旅包装的设计定位，为文旅包装的设计制定清晰、准确的方向，使文旅包装的设计能够有条不紊地进行。（图4-5）

码4-5 浙江丽水"外婆村"甜橘柚包装

图 4-5 云冠橙礼品包装——潘虎设计

　　云南恒冠泰达农业发展有限公司推出的"云冠橙"是褚橙的副线品牌，产品延续了褚橙的高品质。"云冠橙"礼品包装的创意源自两代人匠心传"橙"的故事。包装图形通过插画塑造了一棵代表这位受人尊敬的老人一生的"生命之树"，小树苗与大树的造型是一种传承与接力的关系，图中的年龄数字记录着老人的传奇经历，传统剪纸风格的运用赋予了插画视觉上的"透"与"空"的艺术感。字体设计以中国传统字体——楷体字为基底进行微调，加粗的笔画虽象征着老人一生的沧桑与厚重，但于后世而言更是一种责任与担当；饱满的字体，在撇捺末梢呈现出明显的笔锋，教人们"七分坦荡献给事业，三分率性给自己"的处世之道。

第六节　意趣的营造——文旅包装与审美文化

审美文化早期是人类理解世界的活动现象，发展至今则可以概括为一种以人类的精神体验和审美的形式观照为主导的感性文化，是人类文化的高级形态。首先，审美文化的形成离不开艺术文化的发展，体现着艺术文化发展变化的全过程，因此，在人类发展的不同历史时期，形成了与该时期艺术文化相呼应的审美文化，审美文化随着艺术设计风格的发展，也形成了从单一到多元的发展态势。其次，审美文化与社会文化之间存在紧密的联系，社会文化程度越高，审美文化越发达，反之亦然。再次，由于审美是人的主观意识活动，是人有目的、有意识地创造美并享受美的一种特殊的社会活动形式，因此审美文化也受到社会个体的物质层次与精神境界的影响。归结而言，审美文化是覆盖全人类的具备多元层次的特殊意识形态，不同的审美文化能够对该社会群体成员产生精神教化的作用。时至今日，审美文化已经渗透到了社会群体物质生活与精神生活的方方面面，成为当代人类生活不可或缺的重要组成部分。同时，审美文化也受地域文化和民族文化的影响，形成了不同国家、地区和民族各自不同的审美文化形态。

意趣的营造是指文旅包装的设计要在满足包装形式美的基础上强化对包装意境和情趣的营造，提升受众对于文旅包装的关注度和好感度，在实现文旅包装作为产品、品牌与消费者之间沟通交流的媒介的同时，促进良好的产品与品牌形象的建立。因此，在文旅包装设计的前期，对受众群体进行审美喜好分析至关重要，这是文旅包装设计最重要的准备工作之一。然而，如果仅仅只是从受众群体的生理因素与心理因素的角度去分析受众的审美喜好，而不去研究受众所处的审美文化环境，那么所获取的结果通常是片面且不完整的。这是因为，审美文化是个体审美的基础，对个体审美有着引导、规限、教化等作用，这是由审美文化的群体性特征与在一定时期内的稳定性特征所决定的。具体而言，对于一个群体的审美文化的分析和研究，应当包括该群体的审美观念、审美趣味、审美范型等方面内容，同时对于与审美文化息息相关的艺术文化、设计风格等内容也应当有相应的了解，这样才能做到全面而深入地分析研究，使文旅包装达到内外结合、形神兼具、意境独特、底蕴深厚的设计效果，彰显文旅包装的功能与价值所在。（图4-6）

码4-6 尚智2021新年台历对联礼盒

图 4-6 山田土·茶小饮系列包装

  初心犹在、去繁存真，日常喝茶、简单就好。山田土·茶小饮，献给每一位用心生活的人。包装秉承"小而美"的设计理念，去除复杂的、多余的设计元素，整体风格精粹简洁，是适应大多数当代人喜好的风格形式。小巧而方圆的包装造型，既能盈手可握，又能方便取用，存储亦不占空间。包装质朴中带点儿可爱的暖意与和谐，能够给快节奏的都市生活带来一丝心灵的慰藉，值得细细品味。

课后实训与练习

1. 文旅包装的制作表现

将前期完成的文旅包装设计方案制作成包装成品,并结合相关产品与设计衍生品进行陈列展示。

提示与建议:精致美观的包装成品是检验这次作业成果的最重要的标准,在这个阶段,对于文旅包装制作表现细节的把握尤为重要。

2. 课题设计总结

撰写课题设计总结一份,内容包括对本课程的学习感受、设计与制作的体会和心得。

提示与建议:课题设计总结的撰写应当真实、清楚与详尽,谈收获的同时应该更多地去思考不足之处。

参考文献

1. 朱和平.中国古代包装艺术史[M].北京：人民出版社，2016年.
2. 杨仁敏.包装设计[M].重庆：西南师范大学出版社，2005年.
3. 杨猛，徐振华.土特产品包装设计[M].张宇，译.桂林：广西师范大学出版社，2018.

后 记

　　撰写一本包装设计类教材一直是笔者多年的心愿，面对市场上琳琅满目的各种包装设计类教材，究竟写什么，从何处着手，能否有创新之处，却始终是无法确定之事，直到我的导师亦是丛书的主编杨仁敏教授提出了"文旅包装设计"这一选题，豁然开朗、跃跃欲试的同时亦是心中忐忑、充满感激。

　　如何定义与分类文旅包装？文旅包装设计与一般产品包装设计有何不同？这是本书最需要突破的难点所在，一次次反复思考，一次次推翻重来，成了这漫长编写过程中的家常便饭，过程虽艰辛却也是一次难得的学习与成长的机会，于笔者而言，不仅仅是成书的喜悦，更是教学生涯中一次难得的突破，此中收获，难以言尽。

　　在本书的编写中，笔者虽竭尽全力想要做到更好，但由于视野与能力的限制，书中的疏漏与不足难免存在，望各位专家、学者与设计同仁批评与指正。本书的编写与出版离不开各位师长、朋友和同事们的关心和帮助，特别要感谢我的导师杨仁敏教授与西南师范大学出版社王正端先生给予的鼓励与支持，以及我的先生王立峰在本书撰写过程中给予的无私付出，我的师妹郭宇飞对本书的编排设计提出的宝贵想法，以及本书责编鲁妍妍的严谨校对、精心制作，才使得本书能够顺利出版。

　　书中呈现的各种优秀文旅包装作品，不仅是本书不可或缺的精彩案例，更是国内外优秀设计团队和独立设计师群体的才情涌现，虽不能一一署名致敬，但诚挚的谢意将随着本书的面世更加深挚而长久。

张毅

图书在版编目（CIP）数据

文旅包装设计 / 张毅著. — 重庆：西南师范大学出版社，2021.8
（设计新动力丛书）
ISBN 978-7-5697-1031-1

Ⅰ. ①文… Ⅱ. ①张… Ⅲ. ①文化产品－包装设计②旅游产品－包装设计 Ⅳ. ①TB482

中国版本图书馆CIP数据核字(2021)第144288号

"十四五"普通高等教育规划教材
设计新动力丛书
主编：杨仁敏

文旅包装设计
WENLÜ BAOZHUANG SHEJI

张毅 著

责任编辑：鲁妍妍
责任校对：龚明星 邓 慧 戴永曦
封面设计：汪 泓
出版发行：西南师范大学出版社
地　　址：重庆市北碚区天生路2号
邮　　编：400715
本社网址：http://www.xscbs.com
网上书店：http://xnsfdxcbs.tmall.com
电　　话：（023）68860895
排　　版：黄金红
印　　刷：重庆康豪彩印有限公司
幅面尺寸：170mm×247mm
印　　张：7
字　　数：170千字
版　　次：2021年8月　第1版
印　　次：2021年8月　第1次印刷
书　　号：ISBN 978-7-5697-1031-1
定　　价：59.00元

本书如有印装质量问题，请与我社读者服务部联系更换。
读者服务部电话：（023）68252507
市场营销部电话：（023）68868624 68367498

西南师范大学出版社美术分社欢迎赐稿。
美术分社电话：（023）68254657 68254107